高职高专机械类专业教材

机床夹具设计

主　编　刘艳中　李　湘

副主编　陈海让　柳光利

主　审　唐其林

JICHUANG JIAJU SHEJI

重庆大学出版社

内容提要

本书是为适应高等职业教育专科层次的机械设计与制造专业、模具设计与制造专业、机械制造自动化专业、数控技术等专业教学改革的需要,从培养机械制造行业所急需的高素质技术技能型人才要求出发,以工作任务为引领、工作过程为导向编写的一本专业课教材。

全书共7章,主要内容有概述、工件的装夹、工件在夹具中的定位、工件的夹紧、分度机构与夹具体、专用机床夹具设计及现代机床夹具。本书力求做到内容充实、结构合理、文字精练,贯彻理论够用为度、重在应用的原则,有针对性地介绍了机床夹具设计的基本理论、制造装配方法以及应用实践,使学生具备分析和解决机床夹具设计制造和应用中的技术问题的实际能力。

本书可供高等职业教育机械制造类专业使用,也可供有关工程技术人员参考。

图书在版编目(CIP)数据

机床夹具设计/刘艳中,李湘主编. —重庆:重庆大学
出版社,2016.12(2023.1重印)
ISBN 978-7-5689-0275-5

Ⅰ.①机… Ⅱ.①刘…②李… Ⅲ.①机床夹具—设计—高等
职业教育—教材 Ⅳ.①TG750.2

中国版本图书馆 CIP 数据核字(2016)第 298947 号

机床夹具设计

主 编 刘艳中 李 湘
副主编 陈海让 柳光利
主 审 唐其林
策划编辑:周 立

责任编辑:李定群 版式设计:周 立
责任校对:邬小梅 责任印制:张 策

*

重庆大学出版社出版发行
出版人:饶帮华
社址:重庆市沙坪坝区大学城西路 21 号
邮编:401331
电话:(023) 88617190 88617185(中小学)
传真:(023) 88617186 88617166
网址:http://www.cqup.com.cn
邮箱:fxk@ cqup.com.cn(营销中心)
全国新华书店经销
POD:重庆新生代彩印技术有限公司

*

开本:787mm×1092mm 1/16 印张:14.25 字数:329千
2017 年 2 月第 1 版   2023 年 1 月第 2 次印刷
印数:2 001—2 700
ISBN 978-7-5689-0275-5 定价:45.00 元

前言

　　"机床夹具设计"是机械制造类专业的一门主干专业课程,课程以机床夹具为主要研究对象,其课程培养目标是围绕机械制造企业相关工作岗位群对生产一线机械制造工艺人员与技术工人在机械制造工艺装备设计方面的技术、技能要求,有针对性地介绍机床夹具设计的基本理论、制造装配方法以及应用实践,使学生具备分析和解决机床夹具设计、制造中技术问题的实际能力。

　　为了推进重庆市市级骨干高职院校重点专业机械设计与制造及专业群建设,我院组建了校企合作课程开发团队。本书由重庆机电职业技术学院刘艳中和李湘任主编,陈海让和柳光利任副主编。课程开发团队坚持校企合作、产学结合,以岗位能力为导向,认真调研、分析机械制造企业中机床夹具设计制造岗位群的职业技术技能要求,制订了机床夹具设计课程标准,以典型机床夹具为主线,优化设计教材的框架结构,确定了课程的基本内容。

　　全书共7章,主要内容有概述、工件的装夹、工件在夹具中的定位、工件的夹紧、分度机构和夹具体、专用机床夹具设计、现代机床夹具。本书力求做到内容充实、结构合理、文字精练,贯彻理论够用为度、强技术技能、重在应用的原则。

　　本书由重庆机电职业技术学院教师刘艳中、李湘、陈海让、柳光利编写,刘艳中编写第1,2,3章,李湘副教授编写第4,5章,陈海让副教授编写第6章,柳光利编写第7章,全书由重庆机电职业技术学院唐其林副教授担任主审。在本书的编写过程中,得到了中国嘉陵股份有限公司、重庆红宇精密机械有限公司的工程技术人员的大力支持,在此表示衷心感谢。

　　由于我们水平有限,不足和疏漏在所难免,恳请广大读者批评指正。

编　者

2017 年 1 月

目录

第1章

概　述

1.1　课程的定位与性质

机械制造类专业主要面向的是机械制造企业的零件加工、零件制造工艺与工艺装备设计、产品装配与调试等岗位,培养高素质高技能的技术应用型人才。

在现代生产制造中,机床夹具是一种不可缺少的工艺装备。它直接影响着零件的加工精度、生产率和产品的制造成本等,故机床夹具设计是一项重要的技术工作。它是各机械制造企业新产品投产、老产品改进和工艺更新中的一项重要生产技术准备工作,也是每一个从事机械加工工艺的技术人员必须掌握的基础知识,在机械制造以及生产技术准备中占有极其重要的地位。

"机床夹具设计"课程以机床夹具为主要研究对象,其培养目标就是要围绕机械制造企业对工艺技术人员与技术工人在零件制造工艺编制与工装夹具设计方面的能力要求,有针对性地介绍机床夹具设计的理论、方法以及应用,使学生具备分析和解决机床夹具设计实际问题的能力。

1.2　课程主要内容

"机床夹具设计"课程是机械制造类专业一门主干专业课程,其培养目标就是要围绕机械制造岗位的能力要求,强化机床夹具设计及应用,使学生具备分析和解决生产过程中一般技术问题的能力。

本门课程的前启课程有"机械制图及 CAD""机械设计基础""机械制造基础""机械加工工艺"等知识,要求学生掌握机械制图及 CAD、典型机械零件结构设计、公差与配合、金属切削机床、液压气动传动基础等相关知识,并且该课程的知识在机械加工工艺方面也有很多的应用与交叉。因此,该课程是机械制造类专业重要的专业课程,既有非常强的实用价值,又是学习后续专业课程的基础支撑。只有学好该门课程,才能保障该类专业其他专业课程的学习,才能保证专业培养目标的实现。

学生通过学习"机床夹具设计"课程,将学习到机床夹具设计的基本理论和知识,包括零件定位原理与定位元件的选用、定位误差分析、夹紧机构的设计、各类机床夹具结构特点与设计等方面的内容。

本课程的内容涉及前启课程有"机械制图""机械零件设计""公差与配合""机械制造技术基础""机床设备""液压与气动传动"等相关知识。

1.3　教学与学习方法

由于该门课程理论与实践要求都很高,因此,必须强化理论与实践的有机结合,要充分利用行业、企业的优势,大力推行"校企合作、工学结合"的教学模式,做到理论与实践并重,强化应用能力的培养。

(1)教学方法
①采取任务驱动的教学模式。
②完善实践教学资源,开发多种教学手段。
③引入企业典型案例,理论联系实际开展教学。
(2)学习方法
①了解该门课程的重要性。
②重视该门课程,端正学习态度。
③努力钻研基本理论,拓展工艺装备相关知识面。
④加强实验室教学,认真做好实验,强化技能。
⑤深入校内生产实训基地,全面了解企业生产过程,切实了解各类机床夹具在生产中的实际应用。

第 2 章
工件的装夹

在机床上对工件进行加工时，为了保证加工表面相对其他表面的尺寸和精度，首先需要使工件在机床上占有准确的位置，并在加工过程中能承受各种力的作用而始终保持这一准确位置不变。前者称为工件的定位，后者则为工件的夹紧，而整个过程则称为工件的装夹。

机床夹具是在机械制造过程中，用来固定加工对象，使之占有正确位置，以接受加工或检测，并保证加工要求的机床附加装置，简称夹具。

如图 2.1(a)所示的后盖零件，要求钻后盖径向上的 $\phi10$ 孔，其钻床夹具如图 2.1(b)所示。要求分析其夹具结构组成，各部件的主要功能和作用。

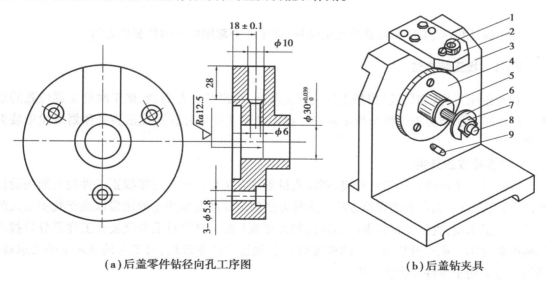

(a)后盖零件钻径向孔工序图　　　　　(b)后盖钻夹具

图 2.1　后盖钻夹具

1—钻套;2—钻模板;3—夹具体;4—支承板;5—圆柱销;

6—开口垫圈;7—螺母;8—螺杆;9—菱形销

后盖钻夹具如图 2.1(b)所示。夹具通过夹具体底面使用压板夹紧在钻床工作台上。加工时，工件在夹具中的正确位置靠支承板 4、圆柱销 5 和菱形销 9 保证。夹紧工件时，转动螺

3

母 7 压下开口垫圈 6,压紧工件,以保证工件的正确位置不变。上述夹具是一种典型的铣床夹具。

归纳各类机床夹具的结构组成特点,机床夹具由以下 5 个部分组成:

(1)定位装置

定位方式采用一面两销定位。它包括支承板 4、圆柱销 5 和菱形销 9,用于确定工件在夹具中的正确位置,保证钻孔的位置正确。

(2)夹紧装置

夹紧装置采用螺旋夹紧机构夹紧。它包括螺母 7、螺杆 8 和垫圈 6,用于夹紧工件。

(3)对刀或导向装置

钻套 1 和钻模板 2 组成导向装置,确定了钻头轴线相对定位元件的正确位置。

(4)夹具体

夹具体 3 是该夹具的基本元件,用于联接夹具各元件及装置。

(5)联接元件

用来保证夹具与机床工作台之间的相对位置,如铣床夹具的定位键。

(6)其他装置

如上下料装置、分度装置、工件的顶出装置等。

2.1　工件的装夹方法

为了保证机床、工件和刀具的正确位置,在生产中常用以下两种装夹方法:

2.1.1　找正装夹法

找正是用工具(和仪表)根据工件上有关基准,找出工件在划线、加工时的正确位置的过程。用找正方法装夹工件称为找正装夹。找正装夹又可分为直接找正装夹和划线找正装夹两种方法。

(1)直接找正装夹

直接找正法定位是利用百分表、划针或目测等方法在机床上直接找正工件加工面的设计基准,使其获得正确位置的定位方法。这种方法的定位精度和找正的快慢取决于找正工人的水平。一般来说,直接找正装夹法的定位精度很高(如一般用四爪卡盘装夹工件百分表找正的精度就比用三爪卡盘装夹工件的精度高),但此法生产率较低,对工人的技术水平要求高,所以一般只用于单件小批生产中。

磨削如图 2.2 所示的导套,在内圆磨床上磨削 $\phi32H7$ 内孔,并保证 $\phi32H7$ 与 $\phi45r6$ 两轴心线的同轴度要求为 $\phi0.112$ mm。加工时的装夹、找正方法如图 2.2(b)所示。可将工件装在四爪卡盘上,缓慢回转磨床主轴,用百分表直接找正外圆表面,使外圆的轴心线与磨床主轴回转中心重合,工件获得正确位置。

在牛头刨床上加工一通槽零件如图 2.3(a)所示。如图 2.3(b)所示,将工件直接放置在

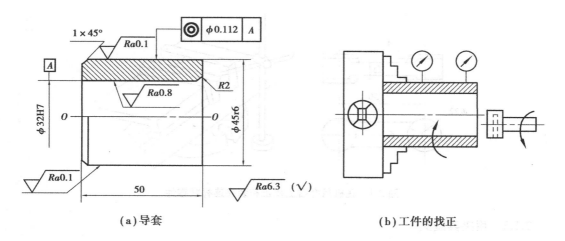

（a）导套　　　　　　　　　　　　（b）工件的找正

图 2.2　找正外圆

牛头刨床的工作台上,在牛头刀夹上安置一块百分表,通过牛头滑枕前后运动用百分表按零件侧面进行找正,使该侧面与牛头刨床的进给运动方向平行,找正后再夹紧工件进行刨槽加工,以保证加工后的通槽与该侧面的平行度。

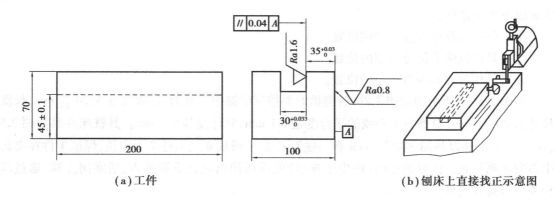

（a）工件　　　　　　　　　　　　　（b）刨床上直接找正示意图

图 2.3　找正侧面

（2）划线找正装夹

　　此法是用划针根据毛坯或半成品上所划的线为基准找正它在机床上正确位置的一种装夹方法。如图 2.4 所示,在铣削连杆状零件的上下两平面时,若零件批量不大,则可在机用虎钳中,按预先在零件侧边划出的加工线痕(或直接按毛坯端面),用划针进行找正。其方法是:沿工件四周移动划针,检视上表面所划线痕对划针针尖的偏离情况。然后轻轻敲击工件进行校正,直至加工线各处均与划针针尖对准为止。最后将工件完全夹紧,再重复校验一次,以检查找正好的正确位置有没有因夹紧而变化。若发生了变化,则需重新找正装夹。

　　由于划线既费时,又需技术水平高的划线工,划线找正的定位精度也不高,因此,划线找正装夹只用在批量不大、形状复杂而笨重的工件,或毛坯的尺寸很大而无法采用夹具装夹的工件。

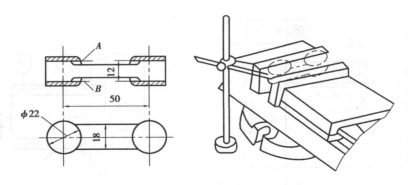

图 2.4　在机用虎钳上找正和装夹连杆状零件

2.1.2　用夹具装夹

夹具是用以装夹工件的工艺装备。它广泛用于切削加工、热处理、装配、焊接及检测等工艺过程中。在金属切削机床上使用的夹具,称为机床夹具。

用夹具装夹工件操作方便,效率也高,工件的定位精度一般可达 0.001 mm。采用夹具装夹法对工件进行加工时,为了保证工件加工表面相对其他有关表面的尺寸和位置精度,必须满足以下 3 个条件:

①工件在夹具中占据一定的位置。

②夹具在机床上保持一定的位置。

③夹具相对刀具保持一定的位置。

如图 2.5(a)所示的短销工件,铣键槽时要控制的键槽尺寸为:深度尺寸为 $24_{-0.10}^{0}$ mm,长度尺寸为 $80_{-0.12}^{0}$ mm,键槽与轴心线的平行度是 0.1 mm,对称度是 0.2 mm。其铣床夹具如图 2.5(b)所示。工件以外圆 $\phi60_{-0.03}^{0}$ mm 和一端面 C 在 V 形块 6 及圆柱 7 上定位,保证工件在夹具中占据正确位置。操纵液压阀(图中未画出)使液压油由油缸下腔进入,活塞向上移,通过压板 4 便可夹紧工件。

为了保证加工精度,加工前将夹具体 1 放在卧式铣床工作台上,定向键 8 嵌入与纵走刀方向平行的工作台中央 T 形槽内,并用 T 形螺栓压紧,使夹具在机床上保持一定的位置,然后用对刀塞尺调整直角对刀块 5 与三面刃铣刀间的相对位置,使刀具相对夹具保持一定的位置,如图 2.6 所示。

又如,在大批生产的条件下,加工如图 2.7(a)所示垫板上的两个孔,要求两孔的位置尺寸为 A,B 及 L,并与底面垂直。其夹具如图 2.7(b)所示。工件在夹具中所占据的一定位置是由 4 个支承板 1 及 3 个支承钉 2 确定,并用螺钉 4 夹紧。当采用专用双轴钻床同时加工工件两孔时,应先用定向键 3 使夹具在机床上定位,夹具相对于刀具的位置是由夹具上的钻套 5 保证的。若改用摇臂钻床钻孔,夹具安装在机床的工作台上后,在钻孔时直接靠钻套来保证夹具相对刀具的位置就可以了。

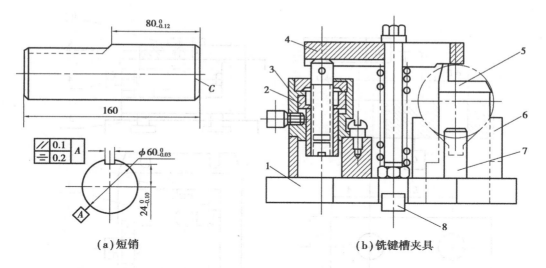

（a）短销　　　　　　　　　　　（b）铣键槽夹具

图 2.5　铣键槽工件的装夹
1—夹具体；2—活塞；3—油缸；4—压板；5—对刀块；
6—V 形块；7—圆柱销；8—定向键

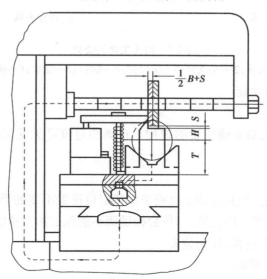

图 2.6　夹具与机床、刀具间的关系

2.2　机床夹具的功能和作用

2.2.1　机床夹具的功能

机床夹具的主要功能是使工件定位和夹紧。然而，由于各类机床加工方式的不同，有的机床夹具还有对刀、导向和分度等特殊功能。

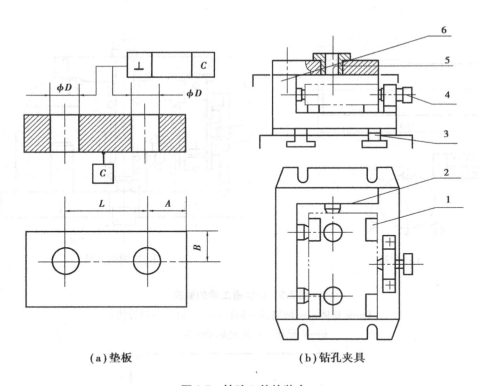

（a）垫板　　　　　　　　　（b）钻孔夹具

图 2.7　钻孔工件的装夹

1—支承板；2—支承钉；3—定向键；4—螺钉；5—钻套；6—夹具体

（1）机床夹具的主要功能

1）定位

确定工件在夹具中占有正确位置的过程。正确的定位可保证工件加工面的尺寸和位置精度要求。

2）夹紧

工件定位后将其固定，使其在加工过程中保持定位位置不变的操作。由于受到各种力的作用，工件在加工时如不将工件夹紧，工件会松动而不能保证加工精度。

从定位到夹紧的整个过程，称为装夹。

（2）机床夹具的特殊功能

1）对刀

调整刀具切削刃相对于工件或夹具的正确位置，如铣床夹具中的对刀块，它能迅速确定铣刀相对于夹具的正确位置。

2）导向

如钻床夹具中的钻套，能迅速确定钻头的位置，并引导其进行钻削。

3）分度

工件一次装夹后，在加工过程中进行分度。

2.2.2　机床夹具的作用

在机械加工中,使用机床夹具的目的主要有以下 5 个方面:

(1)保证加工质量

机床夹具在机械加工中的基本作用就是保证工件的相对位置精度。由于采用了能直接定位的夹具,因此,可准确地确定工件相对于刀具和机床切削成形运动中的相互位置关系,不受或少受各种主观因素的影响,可以稳定、可靠地保证加工质量。

(2)提高劳动生产率和降低加工成本

提高劳动生产率、降低单件时间定额的主要技术措施是增大切削用量和压缩辅助时间。采用机床夹具,既可提高工件加工时的刚度,有利于采用较大的切削用量,又可省去划线找正等工作,使安装工作的辅助工时大大减小,因此,能显著地提高劳动生产率和降低成本。

由于采用与生产规模相适应的夹具,使产品质量稳定,废品大大减少,劳动生产率提高,可使用低技术等级工人等,皆可以大大降低加工成本。

(3)扩大机床工艺范围

在单件小批生产的条件下,为解决工件的种类、规格较多而机床的数量品种却有限的矛盾,可设计制造专用夹具,使机床"一机多用"。例如,在普通铣床上安装专用夹具,可以铣削成形表面;在车床上使用专用夹具,可将其回转运动改变为直线往复运动;如果在车床床鞍上安装镗模,又可进行箱体孔系加工等。

(4)减轻工人的劳动强度

使用专用夹具安装工件,定位方便、迅速,夹紧可采用增力、机动夹紧机构等装置,因此,可减轻工人的劳动强度,还可设计保护装置,确保操作者安全。例如,如图 2.5 所示的夹具,只要操纵液压阀便可完成压紧或松开动作。采用夹具后工件的装卸显然比不用夹具时方便、省力、安全。

(5)在流水线生产中便于平衡生产节拍

工艺过程中,当某些工序所需工序时间特别长时,可采用多工位或高效夹具等,以提高生产效率,使生产节拍能够比较平衡。

2.3　机床夹具的组成

根据机床夹具的作用,其结构主要由以下组成:

2.3.1　机床夹具的基本组成部分

虽然夹具的结构不同,但其基本组成部分都有定位元件(或定位装置)、夹紧装置和夹具体 3 大部分。

(1)定位元件

定位元件是夹具的主要功能元件之一。它用于确定工件在夹具中的正确位置。如图 2.5

所示的 V 形块 6 和圆柱销 7,如图 2.7 所示的支承板 1 和支承钉 2 等都是定位元件。

(2)夹紧装置

夹紧装置也是夹具的主要功能元件之一。它用于夹紧工件,使工件在受到外力作用后仍能保持其既定位置不变。例如,如图 2.5 所示的压板机构和如图 2.7 所示的螺钉 4。

(3)夹具体

夹具体是夹具的基本骨架,通过它将夹具所有元件连成一个整体。例如,如图 2.5 所示的夹具体 1 和如图 2.7 所示的夹具体 6。常用的夹具体为铸铁结构、锻造结构和焊接结构,其形状有回转体形和底座形等。

2.3.2　机床夹具的其他组成部分

(1)对刀元件与引刀元件

主要用于确定刀具的位置或引导刀具,使其与夹具的定位元件保持某一正确的相对位置关系。例如,如图 2.5 所示的对刀块 5 和如图 2.7 所示的钻套 5。

对刀元件常见于铣床夹具的对刀,引导元件主要是指钻模的钻模板、钻套,镗模的镗模支架、镗套等。它们确定刀具的位置,并引导刀具进行切削。

(2)联接元件

联接元件是用于保证夹具与机床间相对位置的元件。例如,如图 2.5 所示的定向键 8 和如图 2.7 所示的定向键 3 等。联接元件有两种形式:一种是安装在工作台上的;另一种是安装在机床主轴上的。

(3)其他元件及装置

根据工件的加工要求,某些夹具具有分度装置、靠模装置和工件的抬起装置等。

2.4　机床夹具的分类及设计要求

2.4.1　机床夹具的分类

(1)按专业化程度分类

1)通用夹具

通用夹具是指已经标准化的,在一定范围内可用于加工不同工件的夹具。例如,车床上三爪和四爪卡盘、顶尖和鸡心夹头;铣床上的平口钳、分度头和回转工作台等。它们有很大的通用性,一般已标准化,由专业工厂生产,并作为机床附件供给用户。这类夹具主要用于单件、小批量生产。

2)专用夹具

专用夹具是指专为某一工件的某道工序而专门设计的夹具。专用夹具结构紧凑、操作方便,采用各种省力机构或动力装置,可保证较高的加工精度和生产效率。但是,专用夹具需根据工件的加工要求自行设计与制造,周期长、费用高,产品一旦变更只能"报废",因而只适用于产品固定且产量较大的生产中。如图 2.1、图 2.5 和图 2.7 所示都是专用夹具。

3) 可调夹具

可调夹具是指根据不同尺寸或种类的工件。夹具的某些元件可调整或更换,以适应多种工件加工的夹具。它的通用范围较大,适用于多品种、小批量生产。

4) 成组夹具

成组夹具是指专为加工某一族(组)零件而设计的可调夹具。经过调整(如更换、增加一些元件)夹具可用来定位、夹紧一组零件。

5) 组合夹具

组合夹具是指按某一工件中的某道工序的加工要求,由一套事先制造好的标准元件和部件组装而成的专用夹具。这种夹具拆卸后可重新组装新夹具,故具有组装迅速、周期短、能反复使用的特点,适用于单件、小批量生产,在新产品试制和数控加工中,是一种比较经济的夹具。

6) 自动化生产用夹具

自动化生产用夹具主要分自动线夹具和数控机床用夹具两大类。自动线夹具有两种:一种是固定式夹具;另一种是随行夹具。数控机床夹具还包括加工中心用夹具和柔性制造系统用夹具。随着制造的现代化,在企业中数控机床夹具的比例正在增加,以满足数控机床的加工要求。数控机床夹具的典型结构是拼装夹具。它是利用标准的模块组装成的夹具。

(2) 按使用夹具的机床分类

这是专用夹具的分类方法,可分为车床夹具、铣床夹具、钻床夹具、刨床夹具、镗床夹具、磨床夹具及拉床夹具等。

(3) 根据夹具所采用的夹紧动力源分类

可分为手动夹具、气动夹具、液压夹具、电磁夹具、真空夹具及自夹紧夹具(靠切削力本身夹紧)等。

2.4.2　机床夹具的设计要求

(1) 机床夹具的设计特点

机床夹具设计与其他装备设计比较,有较大的差别,主要表现在以下 5 个方面:

①要有较短的设计和制造周期。一般没有条件对夹具进行原理性试验和复杂的计算工作。

②夹具的精度一般比工件的精度高 2~3 倍。

③夹具和操作工人的关系特别密切,要求夹具与生产条件和操作习惯密切结合。

④夹具在一般情况下是单件制造的,没有重复制造的机会。通常要求夹具在投产时一次成功。

⑤夹具的社会协作制造条件较差,特别是商品化的元件较少。设计者要熟悉夹具的制造方法,以满足设计的工艺性要求。

显然,注意这些问题是很重要的。这将有利于保证夹具的设计、制造质量。

（2）机床夹具的设计要求

设计夹具时，应满足以下4项基本要求：

①保证工件的加工精度要求，即在机械加工工艺系统中，夹具要满足以下要求：工件在夹具中的正确定位；夹具在机床上的正确位置；刀具的正确位置。

②保证工人的操作方便、安全。

③达到加工的生产率要求。

④满足夹具一定的使用寿命和经济性要求。

2.5　机床夹具设计研究的内容

2.5.1　本课程的任务

本课程的任务主要有以下4点：

①掌握机床夹具的基础理论知识和设计方法，能对机床夹具进行结构和精度分析。

②会查阅有关夹具设计的标准、手册和图册等资料。

③掌握机床夹具设计的方法，具有设计一般夹具的能力。

④具有现代机床夹具设计的有关知识。

2.5.2　本课程的主要内容

为了根据被加工工件的工序要求，设计出确保加工质量和效率、操作方便和经济实用的夹具，必须深入研究以下主要内容：

（1）工件的定位

主要内容是：工件定位的原理，常用定位元件的设计，以及典型定位方式、定位误差的分析和计算。

（2）工件的夹紧

主要内容是：夹紧力确定的基本原则，基本夹紧机构的设计和选用，夹具动力装置的应用。

（3）分度装置和夹具体

主要内容是：夹具体的结构设计，分度装置的结构和分度对定机构的设计。

（4）专用机床夹具的设计

主要内容是：在归纳一般夹具设计的共同规律的基础上，阐述专用夹具的设计方法和步骤。重点说明夹具总图上尺寸、公差配合、技术要求的标注方法，各类典型机床夹具，主要讲解卧式车床、万能卧式铣床、钻床、镗床上所使用夹具的结构特点、设计要点和设计实例。

（5）现代机床夹具

主要介绍通用可调夹具、成组夹具、组合夹具、拼装夹具、自动线夹具及数控机床夹具的结构特点。

　　按使用的机床类型来分类,可分为车床夹具、铣床夹具、钻床夹具及磨床夹具等。

　　从夹具的动力来源来分类,可分为手动夹具、气动夹具、液压夹具、气液夹具、电动夹具、电磁夹具、真空夹具及自紧夹具(靠切削力本身来夹紧)等。

　　机械加工工艺定位与夹紧符号见表 2.1。

表 2.1　机械加工工艺定位与夹紧符号

分　类	标注位置	独　立		联　动	
		标注在视图轮廓上	标注在视力正面上	标注在视图轮廓上	标注在视力正面上
主要定位点	固定式	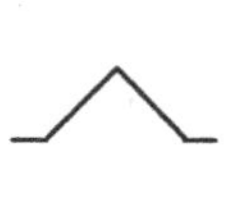	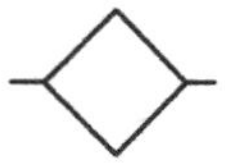	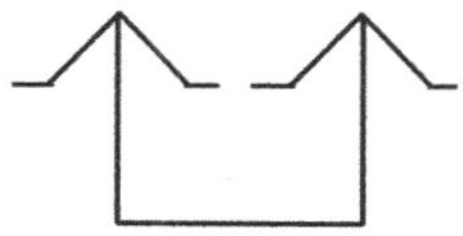	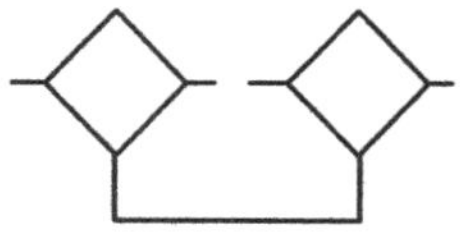
	活动式			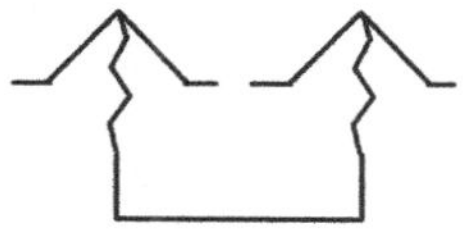	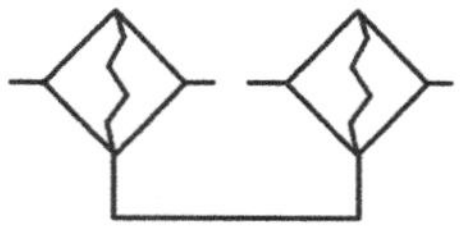
辅助定位点				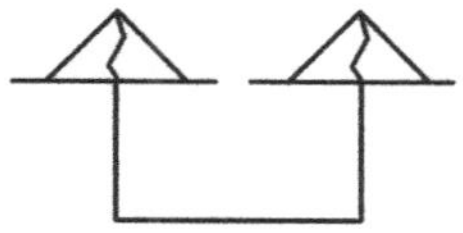	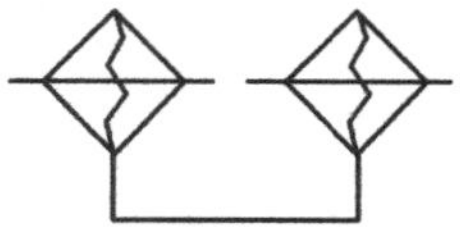
机械夹紧				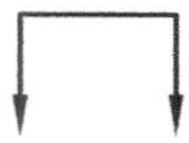	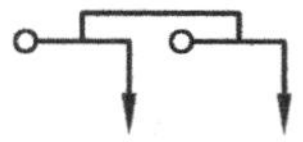
液压夹紧			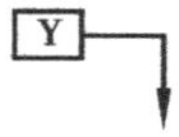	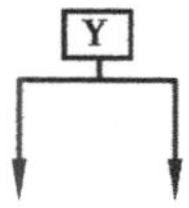	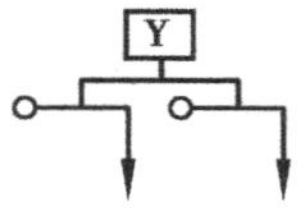
气动夹紧			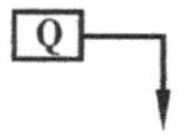	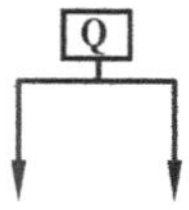	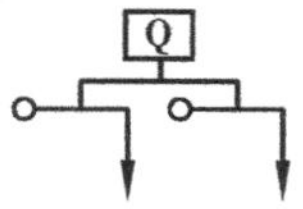
电磁夹紧			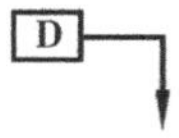	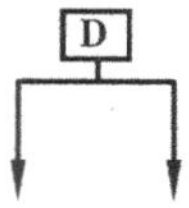	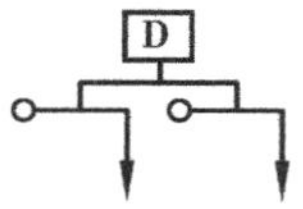

13

习题与训练

1.工件在夹具中定位、夹紧的任务是什么?

2.试举例说明机床夹具的定位功能。

3.机床夹具的设计特点和要求是什么?

第 **3** 章
工件在夹具中的定位

如图 3.1 所示的支架零件,加工 $\phi 9\text{H}7$ 的孔,其余各面已加工好。大批量生产时,要设计钻床夹具钻铰 $\phi 9\text{H}7$ 孔,夹具设计时应该用什么方式定位才能保证孔 $\phi 9\text{H}7$ 与孔 $\phi 8\text{H}7$ 的距离尺寸在 20 ± 0.05 mm,并与面 B 的垂直度误差不超过 $\phi 0.05$ mm。

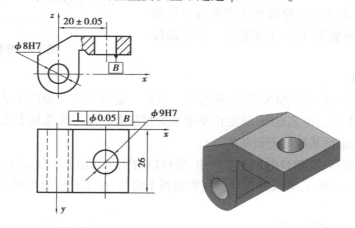

图 3.1　支架

3.1　概　述

3.1.1　工件在夹具中定位的任务

在机械加工中,必须使机床、刀具、夹具、工件之间,保持正确的相互位置,才能加工出合格的工件。这种正确的相互位置关系是通过夹具在机床上的定位,刀具在机床上定位和工件在夹具中的定位来实现的。因此,工件在夹具中的定位,就是使一批工件在夹具静止状态下依靠定位元件的作用,相对于机床、刀具占有一个一致的、正确的加工位置的过程。

15

3.1.2 基准的概念

工件在夹具中定位是通过工件的定位面和定位元件的支承面接触和配合实现的。在介绍定位原理之前,先了解一些基准的基本知识。

从工艺课程知道,基准是用来确定生产对象上几何要素间的几何关系所依据的那些点、线、面。基准按照其功用不同,可分为设计基准和工艺基准。工艺基准又包含工序基准、定位基准、测量基准及装配基准。这里仅讨论夹具设计中直接有关的设计基准和定位基准。

(1)设计基准

在设计图样上用以标注尺寸或确定表面相互位置的基准称为设计基准。如图 3.2 所示的导套,外圆柱面径向圆跳动和肩面圆跳动的设计基准是内孔 $\phi30H7$ 的中心线,端面 B,C 的设计基准是端面 A,$\phi30H7$ 内孔和 $\phi40H6$ 外圆柱面的设计基准分别是它们自己的轴心线。

(2)工序基准

在工序图上,标注本工序被加工表面加工后的尺寸、形状、位置的基准,称为工序基准。相应的尺寸为工序尺寸。

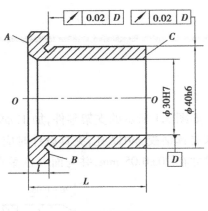

图 3.2　导套

(3)定位基准

在加工时工件上用作定位的基准,称为定位基准。定位基准分为精基准和粗基准。以已经加工过的表面作为定位基准时,该定位基准称为精基准。以工件毛坯上未经加工的表面作为定位基准时,该定位基准称为粗基准。

如图 3.3(a)所示,在槽口的加工工序中,零件以内孔在心轴上定位,孔的轴心线 O 就是定位基准;如图 3.3(b)所示,若以外圆柱面在支承板上定位,则下母线 B 为该工序的定位基准。

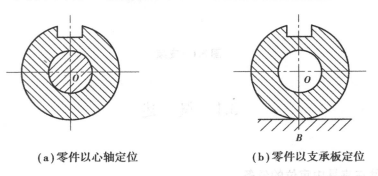

（a）零件以心轴定位　　　　　　　　　（b）零件以支承板定位

图 3.3　凸凹模定位基准

如图 3.4 所示,在孔的加工工序中,零件以平面在支承钉上定位,平面 A,B,C 就是定位基准。

这里要特别强调的是,定位是通过工件上的定位基面与夹具上的定位支承接触实现的,

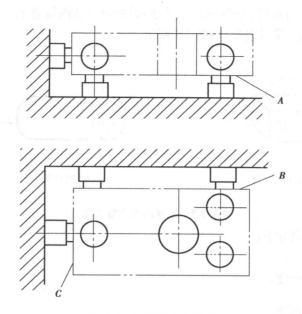

图 3.4　工件的定位基准

而定位基面和定位基准又是两个不同的概念。定位基准是确定工件加工表面在夹具中的正确位置所依据的点、线、面,而定位基面是指工件定位时与夹具的定位元件接触的表面。如图3.4(a)所示,定位基准是工件内孔的中心线,而定位基面是内孔表面。如图3.4(b)所示,定位基准是外圆的下素线,而定位基面是外圆表面。

定位基准的选择原则如下:

①尽量使工件的定位基准与工序基准重合,以避免产生基准不重合误差。但若两基准重合后,会使夹具结构复杂或工件定位不稳定,则应另选定位基准,此时必须计算和控制基准不重合误差。

②尽量用已加工面作为定位基准,以保证有足够的定位精度。

③应使工件安装稳定,使在加工过程中因切削或夹紧力引起的变形最小。

④尽可能使工件加工的各工序采用同样的定位基准,即遵守基准统一原则,以减少设计和制造夹具的时间和费用。

⑤应使工件定位方便,夹紧可靠,便于操作,夹具结构简单。

3.2　六点定位原则

3.2.1　工件的自由度

工件位置变动的可能性,习惯上称为自由度。没受到任何约束的工件,由物体运动学可知,一个自由物体,在空间有 6 个自由度,即物体在空间的位置是任意的,即能沿着 x,y,z 3 个坐标轴移动,称为移动自由度,分别用 $\vec{x},\vec{y},\vec{z}$ 表示;同时又能围绕着 x,y,z 3 个坐标轴转动,称为转动自由度,分别用 $\hat{x},\hat{y},\hat{z}$ 表示,如图 3.5 所示。

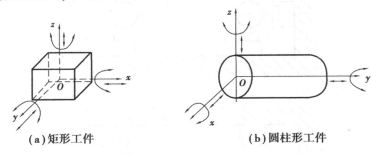

(a)矩形工件　　　　　　　　　(b)圆柱形工件

图 3.5　工件的六个自由度

工件自由度的分类如下:
①能限制的自由度。
②不能限制的自由度。

3.2.2　工件定位原理

定位的目的就是限制自由度。要使工件在某一方向上定位,就要限制该方向的自由度。夹具设计最重要的任务就是在一定精度范围内将工件定位。工件的定位就是使一批工件每次放置在夹具中都能占据同一位置。

(1)六点定位规则

通常是在直角坐标系中,按照一定的原则,合理地设置支承点,限制工件的自由度,如图 3.6 所示。在 xOy 平面内,设置 3 个支承点 1,2,3,限制工件的 3 个自由度 $\vec{z},\hat{x},\hat{y}$。

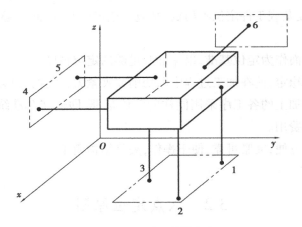

图 3.6　限制工件的自由

在 xOz 平面内,设置两个支承点 4,5,限制工件的两个自由度 $\vec{y},\hat{z}$。在 yOz 平面内,设置一个支承点 6,限制工件的最后一个自由度 $\vec{x}$。

由上述可知,如果一个自由刚体在空间有一个确定的位置,就必须设置相应的 6 个约束,分别约束刚体的 6 个自由度。在讨论工件的定位时,工件就是所指的自由刚体。如果对工件的 6 个自由度都加以约束,工件在空间的位置也就完全被确定下来了。因此,定位实质上就是约束工件的自由度。分析工件定位时,通常是用一个支承点约束工件的一个自由度。用合理设置的 6 个支承点约束工件的 6 个自由度,使工件在夹具中的位置完全确定,此定位基本原理称为"六点定则"。

1)六面几何体的定位

在如图 3.7(a)所示的矩形工件上铣削半封式矩形槽时,定位布置如图 3.7(b)所示,为保证加工尺寸 A,在其底面设置 3 个不共线的支承点 1,2,3,限制工件的 3 个自由度 $\vec{z},\hat{x},\hat{y}$;为了保证 B 尺寸,面设置两个支承点 4,5,限制 $\vec{y},\hat{z}$ 两个自由度;为了保证 C 尺寸,端面设置一个支承点 6,约束 $\vec{x}$ 自由度。于是,工件的 6 个自由度全部被限制了,实现了六点定位。在具体的夹具中,支承点是由定位元件来体现的,为了将矩形工件定位,设置了 6 个支承钉。

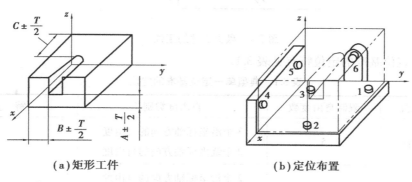

（a）矩形工件　　　　　（b）定位布置

图 3.7　矩形工件定位

1,2,3,4,5,6—支承点

2)圆柱几何体的定位

如图 3.8(a)所示,对于圆柱形工件,可在外圆柱表面上,设置 4 个支承点 1,3,4,5 约束 $\vec{y}$,$\vec{z},\hat{y},\hat{z}$ 4 个自由度;槽侧设置一个支承点 2,限制 $\vec{x}$ 自由度;端面设置一个支承点 6,限制 $\vec{x}$ 自由度。为了在外圆柱面上设置 4 个支承点,一般采用 V 形块定位,如图 3.8(b)所示。

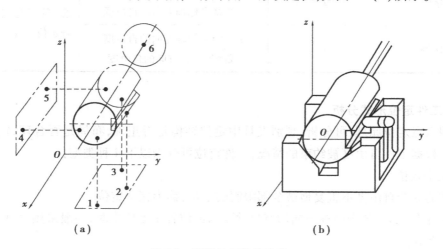

（a）　　　　　　　　　　（b）

图 3.8　圆柱几何体的定位

3)圆盘几何体的定位

如图 3.9 所示,对于盘类工件的六点定位,底面的 3 个支承点限制$\vec{z},\hat{x},\hat{y}$3 个自由度;圆周表面的两个支承点限制$\vec{x},\vec{y}$两个自由度;槽的侧面用一个支承点限制$\hat{z}$一个自由度。这样,工件的位置被完全确定。

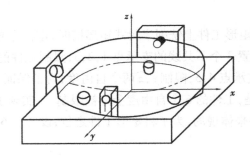

图 3.9　盘类工件的定位

典型单一定位基准的定位特点见表 3.1。

表 3.1　典型单一定位基准的定位

定位接触形态	限制自由度数	自由度类别	特　点
长圆锥面接触	5	3 个沿坐标轴方向的自由度 2 个绕坐标轴方向的自由度	可作主要定位基准
长圆柱面接触	4	2 个沿坐标轴方向的自由度 1 个绕坐标轴方向的自由度	
大平面接触	3	1 个沿坐标轴方向的自由度 2 个沿坐标轴方向的自由度	
短圆柱面接触	2	2 个沿坐标轴方向的自由度	不可作主要定位基准,只能与主要基准组合定位
线接触	2	1 个沿坐标轴方向的自由度 1 个绕坐标轴方向的自由度	
点接触	1	1 个沿坐标轴方向的自由度 或绕坐标轴方向的自由度	

(2)工件定位形式分析

运用六点定位原理,可分析、判别夹具中定位结构是否正确,布局是否合理,定位条件是否满足。根据工件自由度被约束的情况,工件定位可分为以下 4 种类型:

1)完全定位

工件的 6 个自由度不重复地被全部限制的定位,称为完全定位。

当工件在 x,y,z 3 个坐标方向均有尺寸要求或位置精度要求时,一般采用这种定位方式,如图 3.9 所示。

2）不完全定位

在保证加工要求的条件下，工件 6 个自由度没全被限制的定位，称为不完全定位。

如图 3.10（a）所示为工件在车床上钻出中心通孔，根据加工要求，不需限制 $\vec{x}$ 和 $\hat{x}$ 两个自由度，所以用三爪自动定心卡盘夹持约束其余 4 个自由度，四点定位就可满足加工精度要求。如图 3.10（b）所示的铣凹槽，平面支承限制了工件 5 个自由度。如图 3.10（c）、（d）所示的工件加工面相同，但前者要保证上下两槽的位置要求，故需限制工件的 5 个自由度 $\vec{x}, \vec{z}, \hat{x}, \hat{y}, \hat{z}$；后者无此要求，可不必限制 $\hat{y}$。如图 3.10（e）所示为平板工件磨平面，工件只有厚度和平行度要求，只需约束 $\vec{z}, \hat{x}, \hat{y}$ 3 个自由度，在磨床上采用电磁工作台三点定位就能满足加工要求。

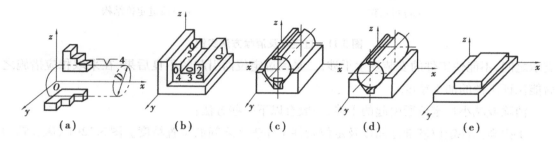

图 3.10　不完全定位示例

完全定位和不完全定位都是正确的定位形式。由此可知，工件在定位时应该限制的自由度数目应由工序的加工要求而定，不影响加工精度的自由度可以不加限制。采用不完全定位可简化装置，因此，不完全定位在实际生产中也广泛应用。

3）欠定位

根据工件的加工要求，应该限制的自由度没有完全被限制的定位，称为欠定位。

欠定位无法保证加工要求，所以在确定工件在夹具中的定位方案时，绝不允许有欠定位的现象。例如，若在如图 3.7（a）所示工件定位中不设端面支承 6，则在一批工件上半封闭槽的长度就无法保证；若缺少侧面两个支承点 4,5 时，则工件上 B 的尺寸和槽与工件侧面的平行度均无法保证。

4）过定位

夹具上的两个或两个以上的定位元件重复限制同一个自由度的现象，称为过定位。

如图 3.11（a）所示，要求加工平面与 A 面的垂直度公差为 0.04 mm。若用夹具的两个大平面实现定位，那么，工件 A 面被约束 $\vec{y}, \hat{x}, \hat{z}$ 3 个自由度，B 面被约束了 3 个自由度，其中 $\vec{z}, \hat{x}$、$\hat{y}$ 自由度 $\hat{x}$ 被 A,B 两面同时重复约束。由图 3.11（a）可知，当工件处于加工位置 Ⅰ 时，可保证垂直度要求；而当工件处于加工位置 Ⅱ 时，不能保证此要求。为了不过定位，可将 B 面改为圆柱接触，如图 3.11（b）所示。

以上分析可知，随机的误差造成了定位的不稳定，严重时会引起定位干涉，因此，过定位一般是不允许的，特别是当形状精度和位置精度很低的毛坯表面作为定位表面更不允许出现过定位。但当用已加工过的工件表面或精度较高的毛坯表面作为定位表面时，为了提高工件定位的稳定性和刚度有时允许采用过定位。但必须解决好两个问题：一是重复限制自由度的

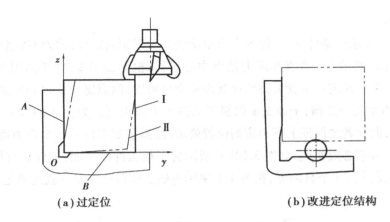

（a）过定位　　　　　　　　　　　（b）改进定位结构

图3.11　过定位及消除方法实例

支承之间,不能使工件的安装发生干涉;二是因过定位而引起的不良后果,在采取相应措施之后能保证工件的加工精度。

消除或减小过定位所引起的干涉,一般有以下一些方法:

①提高工件定位基准之间以及定位元件工作表面之间的位置精度。图3.12中,床头箱的V形槽和A面经过精加工保证有足够的平行度,夹具上的支承板2装配后再经过磨削,且与两个圆柱1轴线平行,使产生的误差在控制范围内。经过这样处理之后的过定位方案是可以采用的,且支承稳定、刚性好,有效地减小工件受力变形。

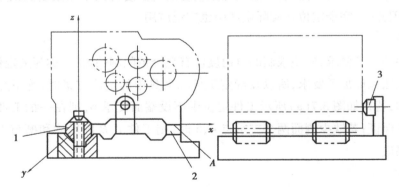

图3.12　床头箱定位简图

1—圆柱;2—支承板;3—支承钉

②减小接触面积。如车削外圆时经常采用一夹一顶装夹工件。当卡盘夹持部分较长时,就会产生过定位,这时只要用卡盘夹工件很短一段并和顶尖组合使用就合理了。如图3.13（a）所示,工件以内孔和端面定位,定位心轴长圆柱面限制$\vec{x},\vec{z},\hat{y},\hat{z}$ 4个自由度,台阶端面限制$\vec{x},\hat{y},\hat{z}$ 3个自由度,属于过定位。

如果两定位基准之间的垂直度误差较大会发生干涉。若采用如图3.13（b）所示的方案,用短圆柱面代替长圆柱面;或如图3.13（c）所示的方案,把心轴台阶平面减小,这些方法均可避免过定位。

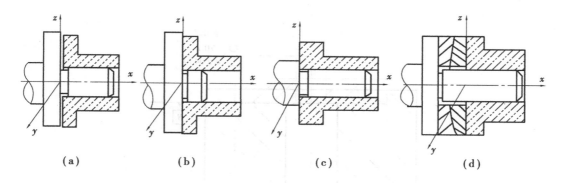

图 3.13　套类零件定位

③设法使过定位的定位元件在干涉方向能浮动,以减少实际支承点数目。如图 3.13(d)所示的方案,在工件定位基准面下采用一球面垫圈。

④改变定位元件的结构,使定位元件重复限制自由度的部分不起定位作用。如图 3.14(a)所示的方案中 $\vec{x}$ 被重复限制,如图 3.14(b)所示的方案采用菱形销 4 代替图 3.14(a)的圆柱销 3,从而消除 $\vec{x}$ 的过定位。

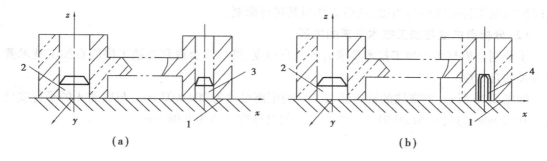

图 3.14　一面两销定位

1—支承板;2,3—圆柱销;4—菱形销

3.2.3　限制工件自由度数与工件加工要求的关系

按照限制自由度与加工技术要求的关系,可把自由度分为与加工技术要求有关的自由度和无关的自由度两大类,与加工技术要求有关的自由度在定位时必须限制,而与加工技术要求无关的自由度可以不限制。

如图 3.15 所示,加工的孔时,为保证孔的同轴度和垂直度必须要限制 $\vec{x}$、$\vec{y}$、$\hat{x}$、$\hat{y}$ 4 个自由度,而夹具限制了工件的 $\vec{x}$、$\vec{y}$、$\vec{z}$、$\hat{x}$、$\hat{y}$ 5 个自由度。从加工要求出发,可不加以限制,但是台阶面在限制其余自由度的同时,也限制了 $\vec{z}$ 这一自由度,这是合理的。

(1)分析这类自由度的意义

在夹具设计时,应特别注意限制与工件加工技术要求有关的自由度。分析这类自由度的意义在于:

①说明了工件被限制的自由度是与其加工尺寸或位置公差要求相对应的,对与加工有关

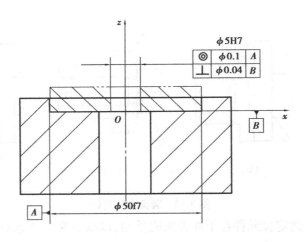

图 3.15　限制自由度与加工技术要求的关系示例 1

的自由度的限制是必不可少的,以保证工件的加工技术要求。

②自由度相关性分析也是分析加工精度的方法之一。

③自由度相关性分析也是定位方案设计的重要依据。在夹具定位设计之前,必须分析加工时要限制工件的哪些自由度,然后必须对其进行限制。

（2）分析自由度与加工技术要求的关系

①分别分析与各个加工技术要求有关的自由度,然后综合得到与该工序所有加工技术要求有关的自由度。

如图 3.16 所示,内螺纹的轴心线与 A 面的距离尺寸为 20±0.03 mm、与底面 A 的平行度公差为 0.02 mm、与尺寸 61±0.01 mm 中心平面的对称度公差为 0.08 mm。

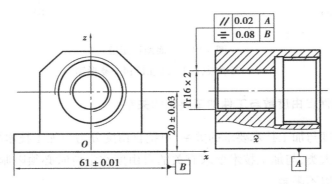

图 3.16　限制自由度与加工技术要求的关系示例 2

要保证尺寸 20±0.03 mm 所必须限制的自由度 $\vec{z}$、$\hat{x}$、$\hat{y}$;要保证平行度 0.02 mm 所必须限制的自由度 $\hat{x}$;要保证对称度 0.08 mm 所必须限制的自由度 $\vec{x}$、$\hat{y}$、$\hat{z}$。

综合得知,与工件加工技术要求有关的自由度是 $\vec{x}$、$\vec{z}$、$\hat{x}$、$\hat{z}$、$\hat{y}$ 5 个自由度。

②分析每个自由度是否与加工要求有关。如果有一个技术要求与该自由度有关,这个自由度就必须要限制。$\vec{x}$ 与对称度 0.08 mm 有关;$\hat{x}$ 与平行度 0.02 mm 和尺寸 20±0.03 mm 有关;$\hat{y}$ 与以上 3 个技术要求都无关;$\vec{y}$ 与尺寸 20±0.03 mm 和对称度 0.08 mm 有关;$\vec{z}$ 与尺寸 20±

0.03 mm 有关；$\hat{z}$ 与对称度 0.08 mm 有关。

因此，加工螺孔必须要限制 $\vec{x}, \vec{z}, \hat{x}, \hat{z}, \hat{y}$ 5 个自由度。

3.3　定位元件的选择与设计

前面讲过，工件的定位是通过工件上的定位表面与夹具上的定位元件的配合或接触实现的，定位表面形状不同，所用定位元件种类也不同。定位元件设计主要包括结构、形状、尺寸及布置形式等。对定位元件主要有以下基本要求：

（1）足够的精度

定位元件的精度将直接影响工件的加工精度。可根据分析计算、参考工厂现有资料或生产经验确定其制造精度。精度过低，保证不了工件的加工要求；过高，会使制造困难。

（2）足够的强度和刚度

定位元件不仅限制工件的自由度，还有支承工件、承受夹紧力和切削力的作用。因此，应有足够的强度和刚度。以免在使用中变形和损坏。

（3）耐磨性好

工件的装卸会磨损定位元件的工作表面，导致定位精度的下降。定位精度下降到一定程度时，定位元件须更换。为了延长定位元件的更换周期，提高夹具的使用寿命，定位元件应有较好的耐磨性。因此，定位元件的材料常用 T7A 淬火 60～64HRC 或 20 钢渗碳深度 0.8～1.2 mm，淬火 60～64HRC。

（4）工艺性好

定位元件的结构应力求简单、合理，便于加工、装配和更换。

（5）便于清除切屑

定位元件工作表面的形状应有利于清理切屑，否则会因切屑而影响定位精度，而且切屑还会损伤定位基准表面。

3.3.1　工件以平面定位

（1）固定支承

当支承的高度不需要调整时，采用固定支承。各种支承钉和支承板均属于固定支承。

1）支承钉的选用

以面积较小的已经加工的基准平面定位时，选用平头支承钉，如图 3.17（a）所示；以粗糙不平的基准面或毛坯面定位时，选用圆头支承钉，如图 3.17（b）所示。它适用于底面定位，接触良好、定位稳定；以侧面定位和顶面定位时，可选用网状支承钉，如图 3.17（c）所示。其锯齿头能增大与定位基准面间的摩擦力，阻止工件受力后滑动。

2）支承板的选用

以面积较大、平面精度较高的基准平面定位时，选用支承板定位元件，如图 3.19 所示。

不带斜槽的支承板（见图 3.18（a）），结构简单，易于制造。但使用中，孔边积屑不宜除

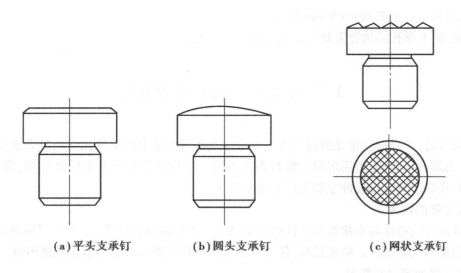

（a）平头支承钉   （b）圆头支承钉   （c）网状支承钉

图 3.17　支承钉

净,故只宜用于侧面和顶面定位。

带斜槽的支承板(见图 3.18(b)),利于清除切屑,易于保证其工作表面清洁,故适用于底面定位。

当工件定位基面尺寸或刚度较小、精基准面精度又很高时,可设计形状与基准面相仿的非标准的整体式支承板。这样,可简化夹具结构,提高支承刚度。支承板的尺寸应在工件的定位基面内,使得支承板磨损均匀一致。

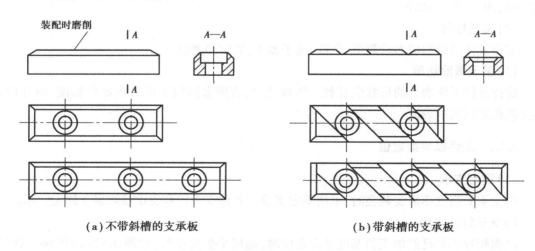

（a）不带斜槽的支承板　　　　　　　　　　（b）带斜槽的支承板

图 3.18　支承板

为保证各固定支承的定位表面严格共面,一般在将其装到夹具体上之后,要同时修磨或对高度尺寸 H 的公差严加控制。通常支承板用两个或 3 个 M4—M10 的螺钉紧固在夹具上。当受力较大或支承板有移动趋势时,应装圆锥销或将支承板嵌入夹具体槽内。

（2）可调支承

以粗基面定位的工件,且不同批的毛坯尺寸相差较大的情况下,支承的高度需要调整,可按定位面质量和面积大小分别选用如图 3.19 所示的可调支承作定位元件。

如图 3.19(a)、(b) 所示的支承钉需用扳手调节,适用于较重工件;如图 3.19(c) 所示的支承钉可直接用手或扳手调节,适用于小型工件。操作时,都要先松后调,调好后再锁紧。

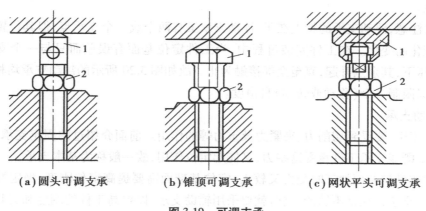

(a) 圆头可调支承　　　　(b) 锥顶可调支承　　　　(c) 网状平头可调支承

图 3.19　可调支承

1—调整螺钉;2—紧固螺母

(3) 浮动支承

以毛坯面、阶梯平面和环形平面作基准平面定位时,既要保证定位副接触良好(多点接触或大面积接触),又要避免过定位。过定位时,选用浮动支承(又称自位支承)作定位元件,如图 3.20 所示。

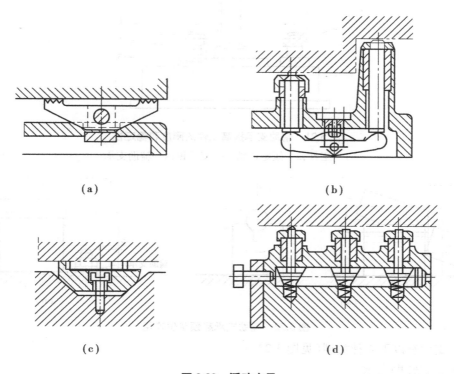

(a)　　　　　　　　　　　　(b)

(c)　　　　　　　　　　　　(d)

图 3.20　浮动支承

27

在如图 3.20 所示的各浮动支承中,图 3.20(a)为杠杆两点式,适用于断续表面;图 3.20(b)为滑柱两点式,适用于阶梯表面;图 3.20(c)为球面三点式,当定位基面在两个方向上均不平或倾斜时,能实现三点接触;图 3.20(d)为滑柱三点式,在定位基面不直或倾斜时,仍能实现三点接触。

但需要注意,浮动支承的特点在于:浮动支承虽有两个或三个支承点,但其位置随工件定位基面的变化而变化。在工件安装过程中,当工件定位基面有误差而只与一个支承点接触时,该点被压下,其余点升起,直至全部接触为止。故如图 3.20 所示的浮动支承均相当于一个固定支承,只限制一个(移动或转动)自由度。

(4)辅助支承

工件加工中,要受到切削力、夹紧力及重力等的作用。前面介绍过的固定支承、浮动支承和可调支承,既能支承工件承受这些力,又能起定位作用,故一般称为基本支承。

当工件刚度较差而加工时受力又较大,定位基准面需要提高定位刚度、稳定性和可靠性时,仅靠基本支承往往是不够的,这时就要采用辅助支承,以提高工件的刚度和夹具工作的稳定性,如图 3.21 和图 3.22 所示。

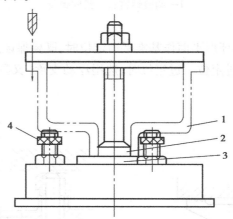

图 3.21 辅助支承提高工件的刚度和稳定性

1—工件;2—短定位销;3—支承板;4—辅助支承

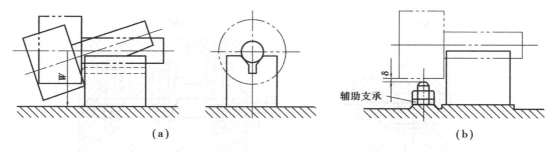

图 3.22 辅助支承起预定位作用

辅助支承有以下 4 种类型(见图 3.23):

1)螺旋式辅助支承

如图 3.23(a)所示,其结构简单,但调节时,需转动支承,这样可能损伤工件表面,甚至带动工件,破坏定位。

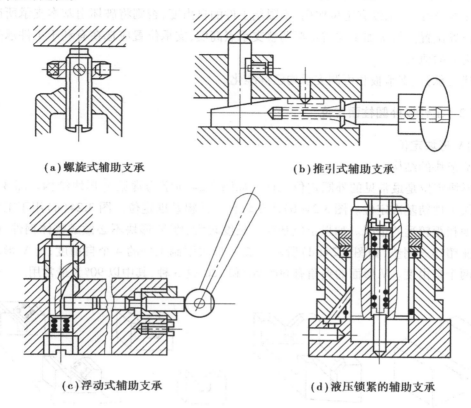

（a）螺旋式辅助支承　　　　　　　　（b）推引式辅助支承

（c）浮动式辅助支承　　　　　　　　（d）液压锁紧的辅助支承

图 3.23　辅助支承的类型

2）推引式辅助支承

如图 3.23（b）所示,工件由基本支承定位后,推动把手,使支承与工件接触。然后转动把手,将斜楔胀开便锁紧。斜楔的楔角 α 可取 8°~10°。

α 过小,支承升程小;α 过大,可能失去自锁作用。这类辅助支承,适用于支承负荷较大的场合。

3）浮动式辅助支承

如图 3.23（c）所示,它依靠弹簧的弹力使支承与工件表面接触,然后旋转把手锁紧斜楔,作用力稳定。弹簧力既要使支承弹出,又不能过大,以免因顶起工件而破坏定位。斜楔的楔角 α 应不大于自锁角（一般 $\alpha=6°$）,以免锁紧时将支承顶出。这类辅助支承适用于支承负荷较小的场合。

4）液压锁紧的辅助支承

如图 3.23（d）所示,使用时支承在弹簧作用下与已由基本支承定位的工件接触。弹簧力可由螺钉调节。

由进油口通入压力油,使薄壁套筒变形,进而锁紧支承。然后把支座的螺纹旋入夹具体的螺孔中,接通油路便可。这类辅助支承结构紧凑、操作方便,但必须有液压动力源才能使用。

每次卸下工件后,辅助支承都必须松开,工件定位后,再调整如图 3.23（a）所示的螺母,或对图 3.23(b)、(c)、(d)进行自锁。

需注意,辅助支承没有定位作用,不限制工件的自由度,否则将破坏由基本支承所确定的工件的正确位置。每次加工均需重新调整支承点高度,支承位置应选在有利于工件承受夹紧力和切削力的地方。

上述支承钉、支承板和可调支承均已标准化。

3.3.2 工件以外圆柱面定位

(1)V 形块定位

1)V 形块的结构

V 形块定位是最常见的外圆定位元件。如图 3.24 所示为常见 V 形块结构。图 3.24(a)用于较短工件精基准定位。图 3.24(b)用于较长工件粗基准定位。图 3.24(c)用于工件两段精基准面相距较远的情况。如果定位基准与长度较大,则 V 形块不必做成整体钢件,而采用铸铁底座镶淬火钢垫,如图 3.24(d)所示。长 V 形块限制工件的 4 个自由度,短 V 形块限制工件的两个自由度。V 形面的夹角有 60°,90°和 120°这 3 种,其中以 90°为最常用。

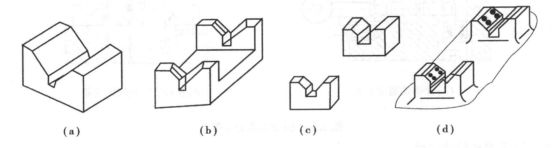

（a）　　　　　　　（b）　　　　　　（c）　　　　　　（d）

图 3.24 V 形块

V 形块上两斜面的夹角 α 一般选用 60°,90°,120°这 3 种,最常用的是夹角为 90°的 V 形块,90°夹角 V 形块的结构和尺寸可参阅国家有关标准。

如图 3.25 所示为 V 形块定位的对中作用。

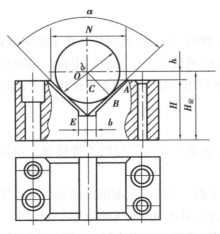

图 3.25 V 形块的典型结构

当在夹具设计过程中,需根据工件定位要求自行设计时,则可参照图 3.25 对有关尺寸进行计算。由图 3.25 可知,V 形块的主要尺寸如下:

d——V 形块的标准心轴直径尺寸(即工件定位用外圆的理想直径尺寸);

H——V 形块高度尺寸;

N——V 形块的开口尺寸;

$H_{定}$——对标准心轴而言,V 形块的标准定位高度尺寸(也是 V 形块加工时的检验尺寸)。

当自行设计一个 V 形块时,d 是已知的,而 H 和 N 须先行确定,然后方可求出 $H_{定}$。

尺寸 $H_{定}$ 可计算为

$$H_{定} - H = OE - CE$$

在直角三角形 $\triangle OEB$ 中 $OE = \dfrac{d}{2\sin\dfrac{\alpha}{2}}$，在 $\triangle CEA$ 中 $CE = \dfrac{N}{2\tan\dfrac{\alpha}{2}}$，将 OE 及 CE 代入上式，

得 $H_{定}$ 为

$$H_{定} = H + \frac{d}{2\sin\dfrac{\alpha}{2}} - \frac{N}{2\tan\dfrac{\alpha}{2}}$$

式中，尺寸 N：当 $\alpha = 60°$ 时，$N = 1.15(d-5h)$；当 $\alpha = 90°$ 时，$N = 1.4d - 2h$；当 $\alpha = 120°$ 时，$N = 2d - 3.46h$。

设计时，通常取尺寸 $h = (0.14 \sim 0.16)d$；

尺寸 H：用于大外圆直径定位时，取 $H \leqslant 0.5d$；用于小外圆直径定位时，取 $H \leqslant 1.2d$。

2）V 形块的应用

V 形块的应用示例如图 3.26 所示。V 形块限制工件的 $\vec{x}$、$\vec{y}$ 两个自由度，活动 V 形块限制工件的一个 $\hat{z}$ 自由度。

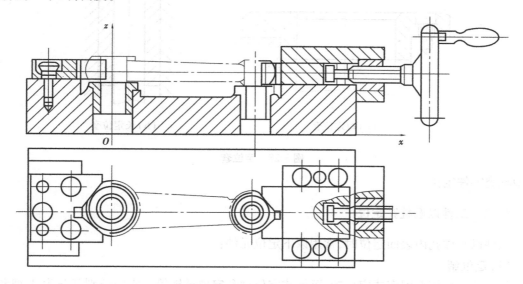

图 3.26　V 形块的应用示例

（2）半圆套定位

如图 3.27 所示，半圆套的定位面置于工件的下方。这种定位方式类似于 V 形块，也类似于轴承，常用于大型轴类零件的精基准定位，其稳固性比 V 形块更好，定位精度取决于定位基面的精度。通常要求工件轴颈精度 IT7，IT8，表面粗糙度值 $Ra0.8 \sim 0.4~\mu m$。

（3）定位套定位

如图 3.28 所示为两种常用的定位套。通常定位套的圆柱面与端面组合定位，限制工件的 5 个自由度。这种定位方式是间隙配合的中心定位，故对基面的精度也有严格要求，通常取轴颈精度为 IT7，IT8，表面粗糙度值小于 $Ra0.8 \sim 0.4~\mu m$。定位套应用较少，常用于形状简单的

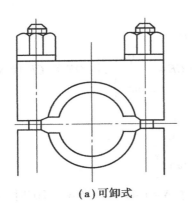 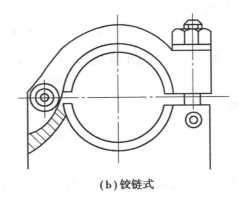

（a）可卸式　　　　　　　　　　　　（b）铰链式

图 3.27　半圆套定位座

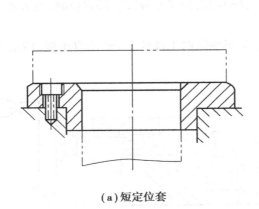 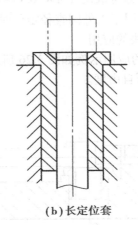

（a）短定位套　　　　　　　　　　　（b）长定位套

图 3.28　定位套

小型轴类零件定位。

3.3.3　工件以圆柱孔定位

工件以圆柱孔内表面定位时,常用以下定位元件:

（1）定位销

常用的定位销有固定式定位销、可换式定位销和定位插销等。它们分别又分为 A 型和 B 型两种形式。

1）固定式定位销

如图 3.29 所示为圆柱固定式定位销的结构。图 3.29（a）为 A 型圆柱形定位销,可限制工件的两个移动自由度。图 3.29（b）为 B 型菱形定位销,只能限制工件的一个自由度。菱形销的应用较特殊,它布置在会发生定位干涉的部位上。

图 3.30 是圆锥定位销,工件以圆孔在圆锥销上定位,它限制了工件的 3 个移动自由度。当工件圆孔端边缘是粗定位基准,选用如图 3.30（a）所示的圆锥定位销形式;当工件圆孔端边缘形状精度较高时,选用如图 3.30（b）所示的圆锥定位销形式;当工件需要平面和圆孔端边缘同时定位时,选用如图 3.30（c）所示的浮动锥销形式。

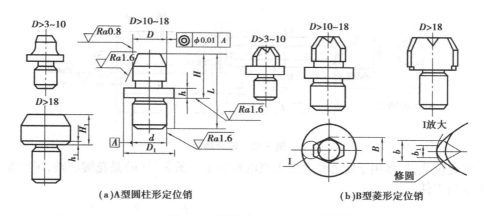

(a)A型圆柱形定位销　　　　　　　　　(b)B型菱形定位销

图 3.29　圆柱固定式定位销

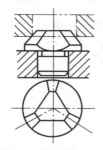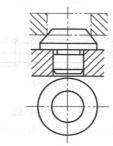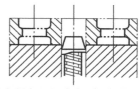

（a）圆孔端边缘形状精度较低时定位　（b）圆孔端边缘形状精度较高时定位　（c）平面和圆孔端边缘同时定位

图 3.30　圆锥定位销

　　2）可换式定位销

　　如图 3.31 所示为可换式定位销的结构。与固定定位销比较,其功能是当定位销磨损后可更换,以降低夹具的成本。这种定位销常用于生产负荷很高的夹具。

　　3）定位插销

　　如图 3.32 所示为定位插销的结构。定位插销常用于不便于装卸的部位和工件以被加工孔作为定位基准（自为基准）的定位中。

　　据工件定位内孔的直径选用。当工件圆柱孔用孔端边缘定位时,需选用圆锥定位销,如图 3.30（b）所示。

　　（2）定位心轴

　　常用的定位轴可分为圆柱心轴和圆锥心轴（小锥度心轴）两种定位方式。在套类、盘类零件的车削、磨削和齿轮加工中,大都选用心轴定位。

　　1）圆柱心轴

　　如图 3.33 所示为常用圆柱心轴的结构形式。图 3.33（a）为间隙配合心轴,装卸工件较方便,由于配合间隙较大,定心精度不高。图 3.33（b）是过盈配合心轴,由引导部分 1、工作部分 2 和传动部分 3 组成,这种心轴制造简单,定心准确,不用另设夹紧装置,但装卸工件不便,易

图 3.31　可换式定位销

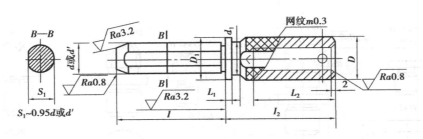

图 3.32 定位插销

损伤工件定位孔,故多用于定心精度要求高的精加工。图 3.33(c)是花键心轴,用于加工以花键孔定位的工件。

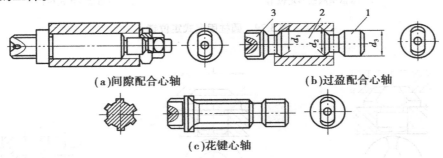

(a)间隙配合心轴   (b)过盈配合心轴

(c)花键心轴

图 3.33 圆柱心轴

1—引导部分;2—工作部分;3—传动部分

2)圆锥心轴(小锥度心轴)

如图 3.34 所示,工件在锥度心轴上定位,并靠工件定位圆孔与心轴限位圆锥面的弹性变形夹紧工件。这种定位方式的定心精度高,可达 $\phi0.01 \sim \phi0.02$ mm,但工件的轴向位移误差较大,用于工件定位孔精度不低于 IT7 的精车和磨削加工,不能加工端面,并且传递的扭矩较小,装卸工件不便。

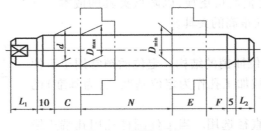

图 3.34 圆锥心轴

3.3.4 工件以圆锥孔定位

工件以圆锥孔为定位基准面时,常用的定位元件有锥形心轴、顶尖等。

(1)锥形定位心轴

如图 3.35(a)所示为以锥孔为定位基准面的工件,在锥度相同的锥形心轴上定位的情形。当圆锥角小于自锁角时,为便于卸下工件,可在心轴大端装一推出工件的螺母,如图 3.35(b)所示。

工件孔与心轴锥度相同,接触良好,故定心精度极高,轴向定位精度取决于工件孔和心轴的尺寸精度。

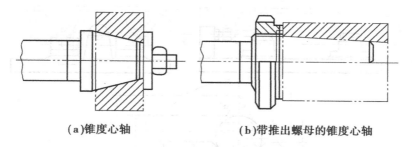

(a)锥度心轴　　　　　　(b)带推出螺母的锥度心轴

图 3.35　圆锥心轴

(2)顶尖定位

在加工轴类工件或某些要求精确定心的工件时,在工件上专为定位而加工出工艺定位面(中心孔)。每个中心孔各用一个顶尖定位,如图 3.36 所示。

用顶尖定位的优点是,用同一定位基准可加工出所有的外圆表面。当用半顶尖时,还能加工端面。但加工阶梯轴时,轴向尺寸的工序基准通常是端面 C,它与定位基准(左中心孔锥顶 A)不重合,故有基准不重合误差。为减小此误差,就要严格控制左中心孔尺寸。如图 3.36(a)所示,放入标准钢球后,检查尺寸 a;或者如图 3.36(b)所示,改用轴向浮动的前顶尖定位。这时,端面 C 为轴向定位基准,以顶尖套 1 端面定位,前顶尖只起定心作用。

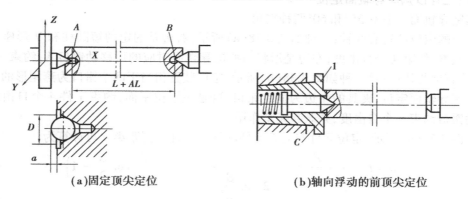

(a)固定顶尖定位　　　　　　(b)轴向浮动的前顶尖定位

图 3.36　中心孔定位

1—顶尖套

3.3.5　工件以特殊表面定位

除上述各种典型表面外,有时工件还可用某些特殊表面作定位基准面,如各种导轨面、成形表面等。

(1)工件以 V 形导轨面定位

例如,车床的拖板、床鞍等零件,常以底部的 V 形导轨面定位,其定位装置如图 3.37 所示。左边一列是两个固定在夹具体上的 V 形座和短圆柱2,起主要限位作用,约束工件的 4 个自由度;右边一列是两个可移动的 V 形座和短圆柱 1,只约束工件的 $\hat{y}$ 一个自由度;端面靠在支承钉 3 上,限制移动自由度。

两列 V 形座(包括短圆柱)的工作高度 T_1 的等高度误差不大于 0.005 mm。V 形座常用20

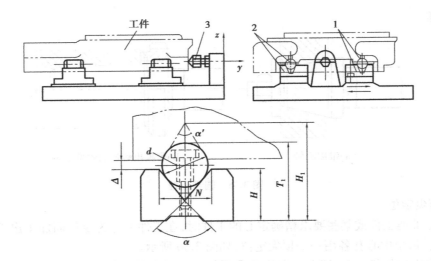

图 3.37　床鞍以 V 形导轨面定位

1,2—短圆柱;3—支承钉

钢制造,渗碳淬火后硬度为 58~62HRC。短圆柱常用 T7A 制造,淬火后硬度为 53~58HRC。当夹具中需要设置对刀或导向装置时,需计算尺寸 T_1,当 $\alpha=90°$ 时,$T_1=H+1.207d-0.5N$。

（2）工件以燕尾导轨面定位

燕尾导轨面一般有 55°和 60°两种夹角。

常用的定位装置有两种:一种如图 3.38(a)所示,右边是固定的短圆柱和 V 形座,组成主要限位基准,约束 4 个自由度;左边是形状与燕尾导轨面对应的可移动钳口 K,约束一个自由度,并兼有夹紧作用;另一种如图 3.38(b)所示,定位装置相当于两个钳口为燕尾形的虎钳,工件以燕尾导轨面定位,夹具的左边为固定钳口,这是主限位基面,约束工件 4 个自由度,右边的活动钳口约束一个自由度,并兼起夹紧作用。

如图 3.38(a)所示,定位元件与对刀元件或导向元件间的距离 a 可计算为

$$a = b + u - \frac{d}{2} = b + \frac{d}{2\tan\frac{\beta}{2}} - \frac{d}{2} = b + \frac{d}{2}\left(\cot\frac{\beta}{2} - 1\right)$$

式中　β——燕尾形的夹角,当 $\beta=55°$ 时,$a=b+0.460\,5d$。

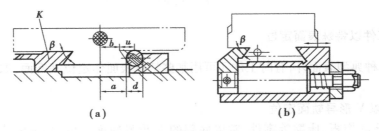

（a）　　　　　　　　　　　　　（b）

图 3.38　工件以燕尾导轨面定位

（3）工件以渐开线齿面定位

对于整体淬火的齿轮,一般都要在淬火后磨内孔和齿形面。为了保证磨齿形面时余量均匀,应贯彻"互为基准"的原则,首先以齿形面的分度圆定位磨内孔,然后以内孔定位磨齿形面。

　　如图 3.39 所示为以齿形面分度圆定位磨内孔时的定位示意图,即在齿轮分度圆上相隔约120°的 3 等份(尽可能如此)位置上放入 3 根精度很高的定位滚柱 2,进行定心夹紧。此时,滚柱与齿面接触的母线所在柱面的轴线,即为定位基准。套上薄壁套 1 起保持滚柱的作用,然后将其一起放入膜片卡盘内,以卡爪 3 自动定心夹紧。

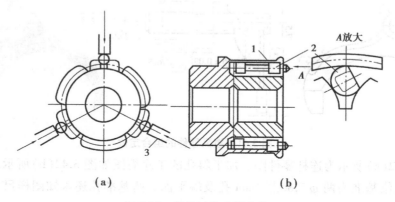

图 3.39　齿轮以分度圆定位
1—薄壁套;2—滚柱;3—卡爪

3.3.6　工件的组合定位

(1)工件组合定位的方法

　　工件以多个定位基准组合定位是很常见的。可以是 L_1 面、L_2 外圆柱面、内圆柱面、圆锥面等各种组合。

　　如图 3.40 所示,工件加工孔 1,2,控制尺寸 H,L_1,L_2,有两个定位方案。根据基准重合原则,如图 3.40(b)所示的方案更好,因为尺寸 H 的工序基准是大孔的中心线。

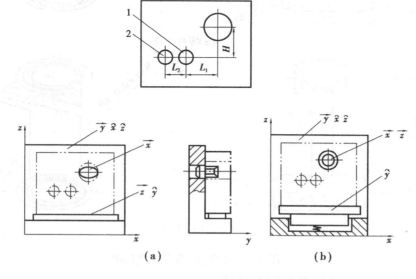

图 3.40　定位方案

　　如图 3.41 所示为拨叉零件铣槽工序的组合定位。它以长圆柱孔、端平面及弧面为定位基准,其中主要定位基准为 $\phi 12^{+0.105}_{+0.045}$ mm 孔。此定位方案符合基准重合原则。定位元件为定位轴、可调支承。

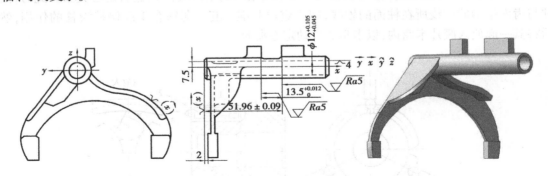

图 3.41 拨叉零件的组合定位

如图 3.42(a)所示为连杆零件图。加工斜孔的工序简图如图 3.42(b)所示。工件以两孔一面定位,定位基准为两 $\phi 7.86^{+0.026}_{+0}$ mm 孔及端平面。两基准孔还未知图样尺寸。定位元件为定位轴及菱形销。

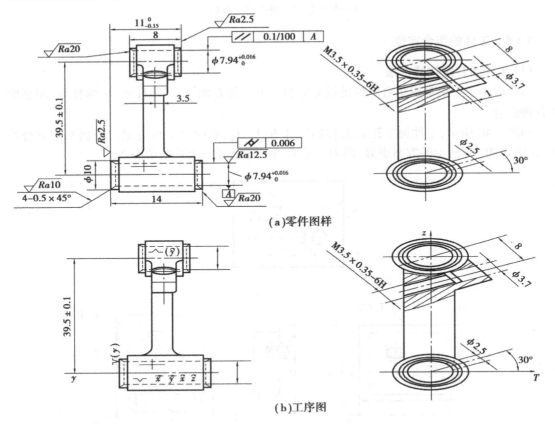

(a)零件图样

(b)工序图

图 3.42 连杆零件图及工序简图

工件采用组合定位时,应注意以下问题:

①合理选择定位元件,实现工件的完全定位或不完全定位,不能发生欠定位。对于过定

位应区别对待。

②按基准重合的原则选择定位基准,首先确定主要定位基准,然后确定其他定位基准。

③组合定位中,一些定位元件在单独作用时限制移动自由度,而在组合定位时则转化为限制旋转自由度。

④从多种定位方案中选择定位元件时,应特别注意定位元件所限制的自由度与加工精度的关系,以满足加工要求。

常用定位元件所能约束的自由度见表 3.2。

表 3.2　常用定位元件所能约束的自由度

定位名称	定位方式	约束的自由度
支承钉	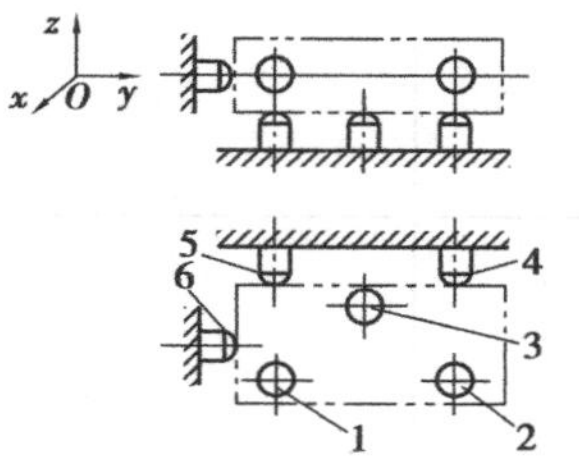	每个支承钉约束 1 个自由度,其中: 1.支承钉 1,2,3 与底面接触,约束 3 个自由度($\vec{z}$,$\hat{x}$,$\hat{y}$) 2.支承钉 4,5 与侧面接触,约束两个自由度($\vec{x}$,$\hat{z}$) 3.支承钉 6 与端面接触,约束 1 个自由度($\vec{y}$)
支承板	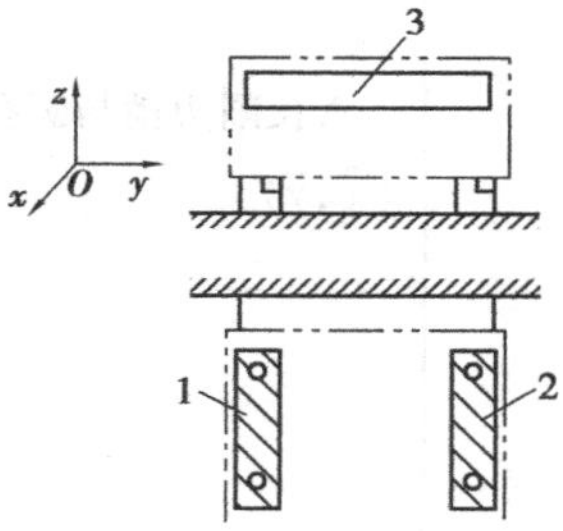	1.两条窄支承板 1,2 组成同一平面,与底接触,约束 3 个自由度($\vec{z}$,$\hat{x}$,$\hat{y}$) 2.一个窄支承板 3 与侧面接触,约束两个自由度($\vec{x}$,$\hat{z}$)
	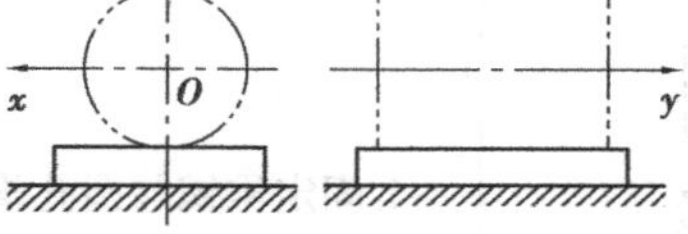	支承板与圆柱面接触,约束两个自由度($\vec{z}$,$\hat{x}$)
	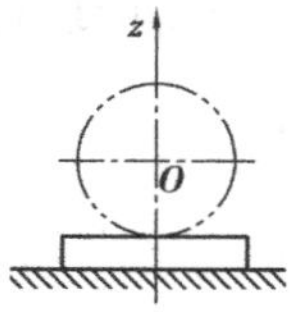	支承板与球面接触,约束 1 个自由度($\vec{z}$)

续表

定位名称	定位方式	约束的自由度
定位销	(a)短销　(b)长销	1.短销与圆孔配合,约束两个自由度($\vec{x}$,$\vec{y}$) 2.长销与圆孔配合、约束4个自由度($\vec{x}$,$\vec{y}$,$\hat{x}$,$\hat{y}$)
	(a)短削边销　(b)长削边销	1.短削边销与圆孔配合,约束1个自由度($\vec{y}$) 2.长削边销与圆孔配合,约束两个自由度($\hat{x}$,$\vec{y}$)
	(a)固定锥销　(b)活动锥销	1.固定锥销与圆孔端面圆周接触,约束3个自由度($\vec{x}$,$\vec{y}$,$\vec{z}$) 2.活动锥销与圆孔端面圆周接触,约束两个自由度($\vec{x}$,$\vec{y}$)

定位名称	定位方式	约束的自由度
定位套	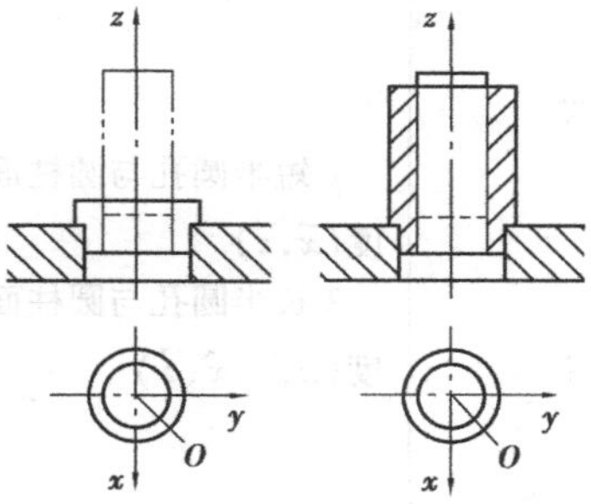 (a)短套　　(b)长套	1.短套与轴配合,约束两个自由度$(\vec{x},\vec{y})$ 2.长套与轴配合,约束 4 个自由度$(\vec{x},\vec{y},\widehat{x},\widehat{y})$
	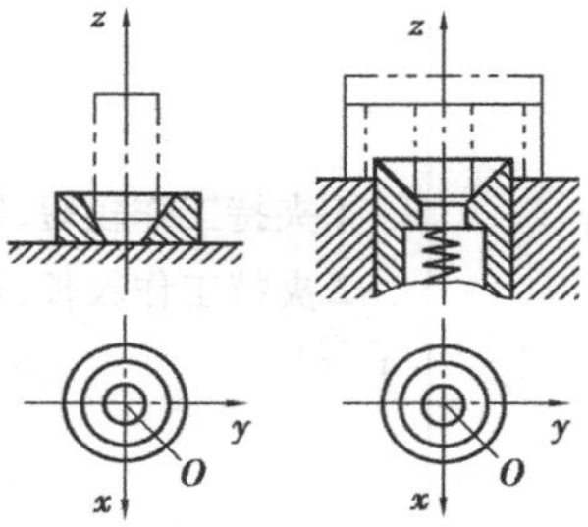 (a)固定锥套　　(b)活动锥套	1.固定锥套与轴端面圆周接触,约束 3 个自由度$(\vec{x},\vec{y},\vec{z})$ 2.活动锥套与轴端面圆周接触,约束两个自由度$(\vec{x},\vec{y})$
V 形架	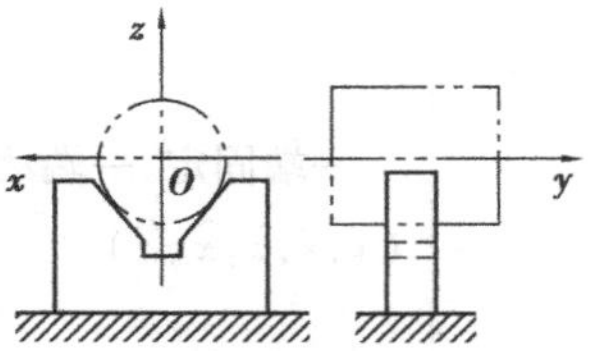 (a)短V形架 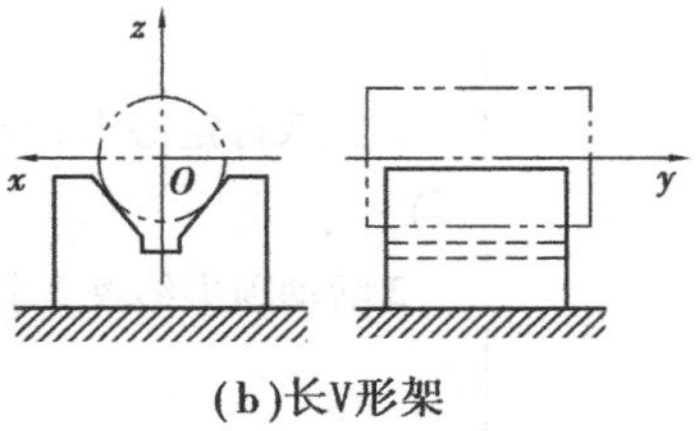 (b)长V形架	1.短 V 形架与圆柱面接触,约束两个自由度$(\vec{x},\vec{z})$ 2.长 V 形架与圆柱面接触,约束 4 个自由度$(\vec{x},\vec{z},\widehat{x},\widehat{z})$

续表

定位名称	定位方式	约束的自由度
平圆孔	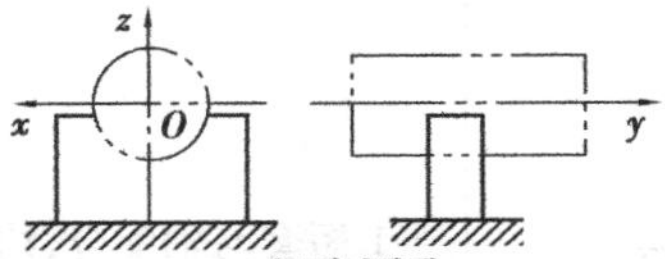 (a)短半圆孔 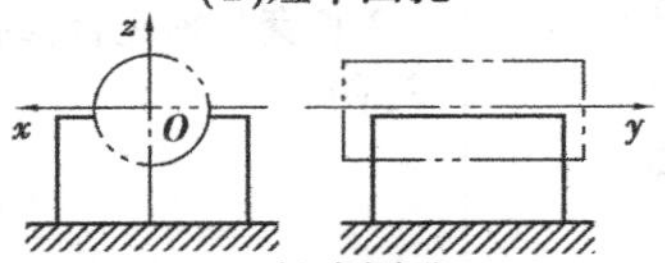 (b)长半圆孔	1.短半圆孔与圆柱面接触,约束两个自由度$(\vec{x},\vec{z})$ 2.长半圆孔与圆柱面接触,约束4个自由度$(\vec{x},\vec{z},\hat{x},\hat{z})$
三爪卡盘	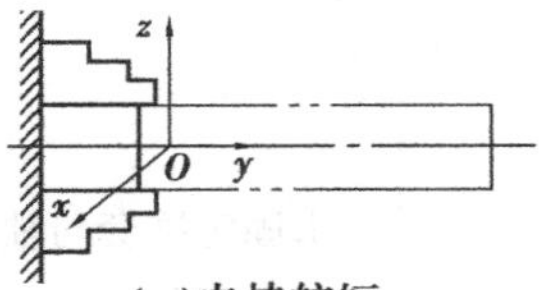 (a)夹持较短 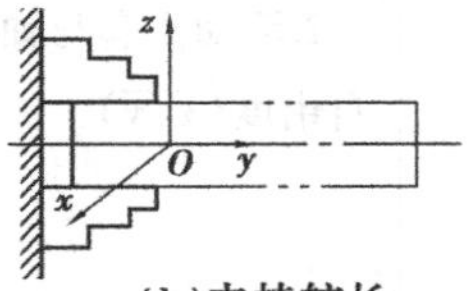 (b)夹持较长	1.夹持工作较短,约束两个自由度$(\vec{x},\vec{z})$ 2.夹持工作较长,约束4个自由度$(\vec{x},\vec{z},\hat{x},\hat{z})$
两顶尖	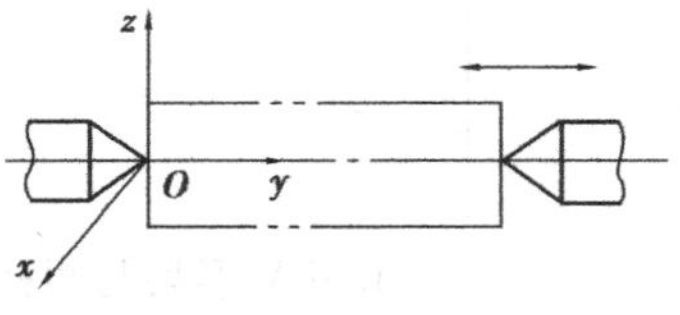	一端固定、一端活动,共约束5个自由度$(\vec{x},\vec{y},\vec{z},\hat{x},\hat{z})$
短外圆与中心孔	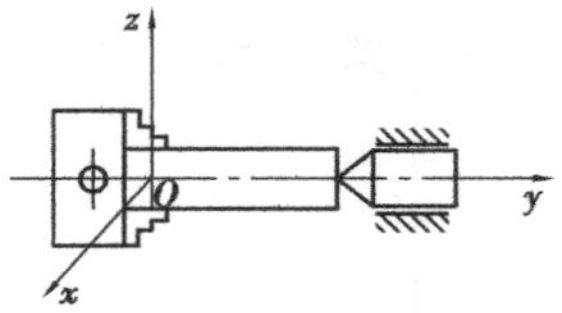	1.三爪自定心卡盘约束两个自由度$(\vec{x},\vec{z})$ 2.活动顶尖约束3个自由度$(\vec{y},\hat{x},\hat{z})$

定位名称	定位方式	约束的自由度
大平面与两圆柱孔		1.支承板限制 3 个自由度($\vec{x},\vec{y},\hat{z}$) 2.短圆柱定位销约束两个自由度($\vec{x},\vec{z}$) 3.短菱形销(防转)约束 1 个自由度($\hat{y}$)
大平面与两外圆弧面		1.支承板限制 3 个自由度($\hat{x},\vec{y},\hat{z}$) 2.短固定式 V 形块约束两个自由度($\vec{x},\vec{z}$) 3.短活动式 V 形块(防转)约束 1 个自由度($\hat{y}$)
大平面与短锥孔		1.支承板限制 3 个自由度($\hat{x},\hat{y},\vec{z}$) 2.活动锥销限制两个自由度($\vec{x},\vec{y}$)
长圆柱孔与其他		1.固定式心轴约束 4 个自由度($\vec{y},\vec{z},\hat{y},\hat{z}$) 2.挡销(防转)约束 1 个自由度($\hat{x}$)

(2)分析工件组合定位限制自由度的方法

①组合面定位限制工件自由度的数目与各定位元件单独作用限制工件自由度的数目之和相等。

②先判断各定位元件限制的自由度数目。如平面接触限制 3 个自由度,长圆柱面配合限制 4 个自由度,短圆柱面配合限制两个自由度,点接触限制 1 个自由度等。

③确定分析顺序:由多到少,即先分析限制自由度多的定位元件,再分析限制自由度少的定位元件。

④先按各定位元件单独作用分析其限制工件自由度的情况,再判断各定位元件组合之后是否存在移动自由度转化为转动自由度的情况:

A.只能由移动自由度转化为转动自由度。转化条件:

a.存在重复限制的移动自由度。

b.存在未被限制的转动自由度。

c.由组合的实际情况判断未被限制的转动自由度是否限制。

B.转化时,转化限制自由度数目少的定位元件限制的移动自由度为转动自由度。

C.移动自由度转化为转动自由度时,不能转化为同轴向方向的转动自由度。

D.移动自由度转化为转动自由度之后,定位元件原来限制的移动自由度的作用就消失了。

E.已经限制的转动自由度不再由其他移动自由度转化而来。

⑤判断定位方式及其合理性。

工件组合定位分析实例:

如图 3.43 所示零件 3 以 a 和 b 两个方案定位,分析其定位方式:

A.方案 a

a.固定内锥套 1 限制 3 个自由度。移动内锥套 2 限制两个自由度。

b.定位元件单独作用限制的自由度:固定内锥套 1 限制工件$\vec{x},\vec{y},\vec{z}$。移动内锥套 2 限制工件$\vec{x},\vec{y}$。

c.由于固定内锥套 1 和移动内锥套 2 均限制工件$\vec{x},\vec{y}$,出现移动自由度的重复限制,满足自由度转化的条件 a。其次固定内锥套 1 和移动内锥套 2 均没有限制$\hat{x},\hat{y},\hat{z}$,满足自由度转化的条件 b。最后,由如图 3.43(a)判断$\hat{x}$和$\hat{y}$已经被限制,由此判断自由度发生了转化;根据自由度转化的情况 B 将限制自由度数目少的定位元件限制的移动自由度为转动自由度,所以直接将移动内锥套 2 限制的移动自由度转化为转动自由度。

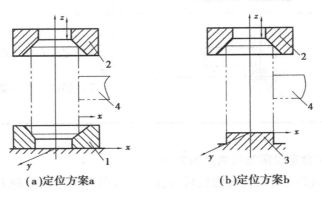

(a)定位方案a   (b)定位方案b

图 3.43 组合面定位分析

1—固定内锥套;2—移动内锥套;3—支承板;4—工件

d.最终得到分析结果:

固定内锥套 1 限制 3 个自由度$\vec{x},\vec{y},\vec{z}$。

移动内锥套 2 限制两个自由度$\vec{x},\vec{y}$。

e.判断定位方式:不完全定位。

B.方案 b

a.支承板 1 限制 3 个自由度。移动内锥套 2 限制两个自由度。

b.定位元件单独作用限制的自由度:支承板 1 限制工件$\vec{z},\hat{x},\hat{y}$,移动内锥套 2 限制工件$\vec{x},\vec{y}$。

c.由于支承板 1 和移动内锥套 2 限制的自由度没有重复,由此判断自由度不存在转化。

d.最终得到分析结果：

平支承板 1 限制 3 个自由度 $\vec{z},\hat{x},\hat{y}$；

移动内锥套 2 限制两个自由度 $\vec{x},\vec{y}$。

e.判断定位方式：不完全定位。

3.4　定位质量分析

使用夹具时，造成工件加工误差的因素可包括下列 4 个方面：

①与工件在夹具中定位有关的误差，以 ΔD 表示。

②与夹具在机床上安装有关的误差，以 ΔA 表示。

③与导向或对刀（调整）有关的误差，以 ΔT 表示。

④与加工方法有关的误差，以 ΔG 表示。ΔG 包括机床误差、刀具误差、变形误差及测量误差等。为了保证工件的加工要求，上述误差的和不应超过工件的加工误差 T，即

$$\Delta D + \Delta A + \Delta T + \Delta G \leqslant T \tag{3.1}$$

因为各种误差均为随机的变量，故应该用概率法计算，即

$$\sqrt{\Delta D^2 + \Delta A^2 + \Delta T^2 + \Delta G^2} \leqslant T \tag{3.2}$$

通常认为当 $\Delta D \leqslant T/3$ 时，定位误差是较合理的。

3.4.1　定位误差的定义

由定位引起的同一批工件的工序基准在加工尺寸方向上的最大变动量，称为定位误差，以 ΔD 表示。定位误差由基准不重合误差与基准位移误差两类误差组成。定位误差研究的主要对象是工件的工序基准和定位基准。它的变动量将影响工件的尺寸精度和位置精度。

工件在夹具中的位置是由定位元件确定的，当工件上的定位表面一旦与夹具上的定位元件相接触或相配合，作为一个整体的工件的位置也就确定了。

但对于一批工件来说，由于在各个工件的有关表面之间，彼此在尺寸及位置上均有着在公差范围内的差异，夹具定位元件本身和各定位元件之间也具有一定的尺寸和位置公差。这样一来，工件虽已定位，但每个被定位工件的某些具体表面都会有自己的位置变动量，从而造成在工序尺寸和位置要求方面的加工误差。

例如，在如图 3.44（a）所示的套筒形工件上钻一个通孔，要求保证钻孔的位置尺寸为 $H_{-T_H}^{0}$，加工时所使用的钻床夹具如图 3.44（b）所示，被加工孔位置尺寸的工序基准（指在工序图上，用来确定本工序加工表面加工后的尺寸、形状、位置的基准）为工件外圆的母线 A，工件以内孔表面与短圆柱定位销 3 相配合，定位基准（指工件在夹具上进行加工时，确定工件位置的表面或线点）为内孔中心线 O。

工件端面与支承垫圈 2 相接触，限制工件的 3 个自由度，工件内孔与短圆柱定位销相配合，限制两个自由度。加工通孔限制工件的 5 个自由度已满足工序加工要求。

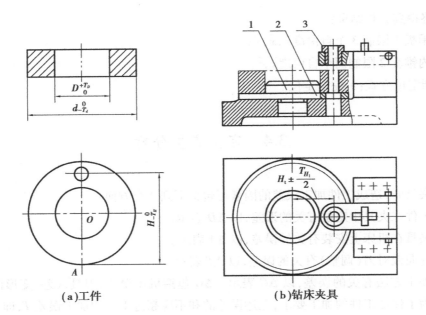

（a）工件　　　　　　　　（b）钻床夹具

图 3.44　钻孔工序简图及钻孔夹具

1—钻套;2—支承垫圈;3—短圆柱定位销

若被加工的这一批工件的内孔、外圆及定位销均无制造误差,工件内孔与定位销又无配合间隙,则这一批被加工工件的内孔中心线、外圆中心线与定位销中心线重合,此时每个工件的内孔中心线和外圆下母线的位置也均无变动,加工后这一批工件的工序尺寸是完全相同的,但实际上工件的内孔、外圆及定位销的直径不可能制造得绝对准确,且工件内孔与定位销也不是无间隙配合,故一批工件的内孔中心线及外圆下母线均在一定的范围内变动,加工后这一批工件的工序尺寸也必然是不相同的。

采用夹具加工通孔时,夹具上的钻套 3 确定刀具的位置,而钻套 3 的中心线对定位销 1 的中心线位置已由夹具上的尺寸 $H_1 \pm \dfrac{T_{H_1}}{2}$ 确定。在加工一批工件的过程中,钻头的切削成形面的位置(即被加工通孔中心线的位置)可认为是不变的。因此,在加工通孔时造成工序尺寸 $H_{-T_H}^{0}$ 定位误差的主要原因是一批工件定位时,定位基准 O 和工序基准 A 相对定位基准理想位置 O' 产生了位置变动。

3.4.2　定位误差的组成及计算

（1）定位误差的组成及计算原则

造成定位误差的原因是定位基准与工序基准不重合误差以及定位基准的位移误差两个方面。计算时,先分别算出 ΔB 和 ΔY,然后再根据不同情况分别按照下述方法进行合成,从而求得定位误差 ΔD。

①工序基准不在定位基面上

$$\Delta D = \Delta Y + \Delta B \tag{3.3}$$

②工序基准在定位基面上

$$\Delta D = |\Delta Y \pm \Delta B| \tag{3.4}$$

"+""−"的确定可按如下原则判断:当由于基准不重合和基准位移分别引起工序尺寸作相同方向变化(即同时增大或同时减小)时,取"+"号;而当引起工序尺寸彼此向相反方向变化时,取"−"号。

(2)定位误差分析计算

定位误差由基准不重合误差和基准位移误差组成。下面分别进行研究。

1)基准不重合误差 ΔB

由于定位基准与工序基准不重合而造成的定位误差,称为基准不重合误差,以 ΔB 表示。

基准不重合误差与定位方式无关,它等于定位基准和工序基准之间的联系尺寸的公差在工序尺寸方向上的投影的和。其一般公式为

$$\Delta B = \sum_{i=1}^{H} T_i \cos \beta \tag{3.5}$$

式中　T_i——定位基准和工序基准之间的联系尺寸的公差,mm;

β—T_i 的方向与工序尺寸方向间的夹角,(°)。

如图 3.45(a)所示的套筒,键槽深度工序尺寸从外圆的母线标起,尺寸为 $C_{-T_C}^0$,则工件的母线(见图 3.45(a)的 B 点)为工序基准。以内孔中心线为定位基准,用心轴定位,假设工件内孔与心轴外圆的中心重合(见图 3.45(b)),即不产生基准位移误差。但由于工件外圆有制造误差,当外圆直径在 d_{min} 和 d_{max} 范围内变化时,工序基准在 $B_1 \sim B_2$ 变化,则引起工序尺寸在 $C_1 \sim C_2$ 变动,该变动量就是基准不重合误差。

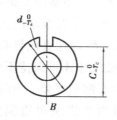

(a)套筒工序图

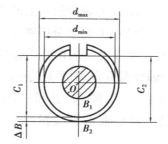

(b)套筒铣键槽定位

图 3.45　定位误差分析

在如图 3.46(a)所示的长方体工件上铣削通槽,分析如图 3.46(b)和如图 3.46(c)所示两种定位方案对工序尺寸 $a \pm T_a$ 所引起的基准不重合误差。

如图 3.46(b)所示,工序基准和定位基准均为 B 面,基准重合,因此,$\Delta B = 0$。

如图 3.46(c)所示,工序基准是 B 面,定位基准是 C 面,因此,工序基准与定位基准之间的联系尺寸 $L \pm T_L$ 的公差为 $2T_L$,所以 $\Delta B = 2T_L$。

基准不重合误差与定位方式无关,在计算基准不重合误差时,应注意判别定位基准和工序基准,当基准不重合误差由多个尺寸影响时,应将其在工序尺寸方向上合成。

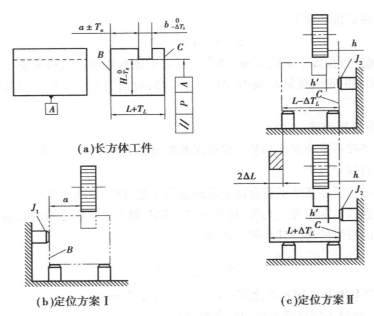

（a）长方体工件

（b）定位方案Ⅰ

（c）定位方案Ⅱ

图 3.46　定位误差分析

2）基准位移误差 ΔY

一批工件定位基准相对于定位元件的位置最大变动量（或定位基准本身的位置变动量）称为基准位移误差，用 ΔY 表示。

如图 3.47（a）所示，工件以圆孔在夹具的心轴上定位铣键槽，要求保证尺寸 B 及 A。其中，尺寸 B 是由铣刀尺寸决定的，而尺寸 A 则是由工件相对于刀具的位置决定的。

如图 3.47（b）所示，用心轴定位加工键槽，孔中心线既是工序基准又是定位基准，基准重合。欲保证工件加工尺寸 A，需要分析铣刀外圆相对工序基准位置变动的大小。刀具相对于定位心轴的距离按尺寸 A 经一次调整后保持不变。如果工件内孔直径与心轴的直径完全相同，工件内孔与心轴外圆重合，则两者的中心线也重合。故尺寸 A 可保持不变，即不存在因定位引起的误差。实际上，工件的内孔和心轴的外圆肯定会有制造误差。当间隙配合时两者的中心线不可能同轴，若心轴水平安置，工件圆孔将因重力等影响单边搁置在心轴的上母线上。

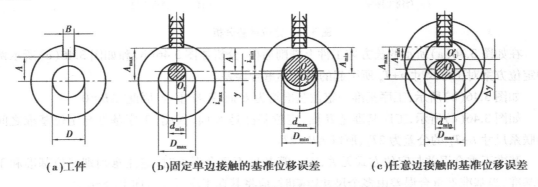

（a）工件　　（b）固定单边接触的基准位移误差　　（c）任意边接触的基准位移误差

图 3.47　心轴定位基准位移误差分析计算示例

此时,刀具位置未变,而由于工件圆孔和心轴外圆的尺寸公差造成工件的定位基准处在 O_1—O_2 的某个位置上,从而导致工件定位基准本身位置的变化,使工件的工序尺寸 A 因基准位移而产生了误差(基准位移误差),如图 3.47(b)所示。其最大误差为

$$\Delta Y = A_{max} - A_{min} \tag{3.6}$$

式中　A_{max}——最大工序尺寸;

　　　A_{min}——最小工序尺寸。

不同的定位方式,其基准位移误差的计算方法是不同的。

3.4.3　几种典型表面定位时的定位误差

(1)工件以平面支承定位

在夹具设计中,平面定位的主要方式是支承定位,常用的定位元件为各种支承钉、支承板、自位支承及可调支承。

当工件以未加工过的毛坯表面定位时,一般只能采用三点支承方式,定位元件为球头支承钉或锯齿头支承钉。这样可减少支承与工件的接触面积,以便能与粗糙不平的毛坯表面稳定接触。采用锯齿头支承钉还能增大接触面间的摩擦力,防止工件受力移动。

在一批工件以毛坯表面定位时,虽然 3 个支承钉已确定了定位基准面的位置,但由于每个工件作定位基准——毛坯为表面本身的表面状况各不相同,将产生如图 3.48(a)所示的基准位置在一定范围 T_H 内变动,从而产生了定位误差,即 $\Delta D = \Delta Y = T_H$。

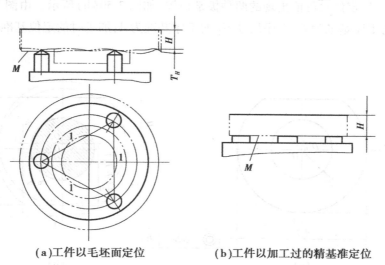

(a)工件以毛坯面定位　　　　(b)工件以加工过的精基准定位

图 3.48　平面定位的定位误差

当工件以已加工过的精基准定位时,由于定位基准面本身的形状精度较高,故可采用多块支承板,甚至采用经精磨过的整块大面积支承板定位。这样,对一批已加工过的精基准定位的工件来说,其定位基准的位置可认为没有任何变动的可能,此时如图 3.48(b)所示,其定位误差为 $\Delta D = \Delta Y = 0$。

因此,工件以平面支承定位时,基准位移误差只是由定位表面的不平整引起的,一般不予

考虑,故 $\Delta Y = 0$。

例3.1 如图3.49所示,以 A 面定位加工 $\phi 20H8$ 孔,求加工尺寸 40 ± 0.1 mm 的定位误差。

解 $\Delta Y = 0$ (平面定位)

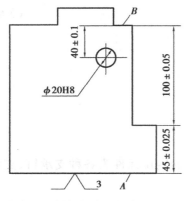

图3.49 定位误差计算例1

由图3.49可知,工序基准为 B 面,定位基准为 A,故基准不重合。按式(3.5)得

$$\Delta B = \sum_{i=1}^{j} T_i \cos \beta$$

$$= (0.05 \text{ mm} + 0.01 \text{ mm}) \cos 0° = 0.15 \text{ mm}$$

$$\Delta D = \Delta B = 0.15 \text{ mm}$$

(2)工件以圆柱面配合定位

在夹具设计中,圆孔表面定位的主要方式是定心定位。常用的定位元件为各种定位销及定位心轴。一批工件在夹具中以圆孔表面作为定位基准进行定位时,其可能产生的定位误差将随定位方式和定位时圆孔与定位元件配合性质的不同而各不相同。现分别进行分析和计算。

工件上圆孔与刚性心轴或定位销过盈配合。由于定位副无径向间隙,此时 $\Delta Y = 0$。

如图3.50(a)所示,一套类工件铣一平面,要求保证与内孔中心线 O 的距离尺寸为 H_1 或与外圆侧母线的距离尺寸为 H_2,现分析计算采用刚性心轴定位时的定位误差。

画出一批工件定位时可能出现的两种极端位置,如图3.50(b)所示。由图3.50(a)可知,工序尺寸 H_1 的工序基准为 O,工序尺寸 H_2 的工序基准为 A,加工时的定位基准均为工件内孔中心线 O。

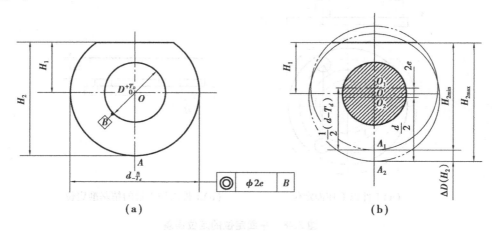

图3.50 套类工件铣平面工序简图及定位误差分析

当一批工件在刚性心轴上定位时,虽然作为定位基准的内孔尺寸在其公差 T_D 的范围内变动,但由于与刚性心轴系过盈配合,故每个工件定位时的内孔中心线 O 均与定位心轴中心线 O' 重合。此时,一批工件的定位基准在定位时没有任何位置变动,即 $\Delta Y = 0$。

对工序尺寸 H_1 来说,由于工序基准又与定位基准重合(即 $\Delta B = 0$),故其定位误差为

$$\Delta D = \Delta B + \Delta Y = 0 + 0 = 0$$

对工序尺寸 H_2 来说,因工件的外圆本身尺寸及其对内孔位置均有公差,故工序基准 A 相对定位基准理想位置的最大变动量为工件外圆尺寸公差之半与同轴度公差之和,故 H_2 的定位误差为

$$\Delta D = A_1 + A_2 = H_{2max} - H_{2min} = T_d/2 + 2e = \Delta Y + \Delta B = \Delta B$$

采用自动定心心轴定位加工时,因系无间隙配合定心定位,故定位误差的分析计算同上。

经分析计算可知,采用这种定位方案设计夹具时,可能产生的定位误差仅与工件有关表面的加工精度有关,而与定位元件的精度无关。

心轴与定位孔是间隙配合且固定单边接触(定位元件水平放置),如图 3.48(b)所示。当心轴水平放置时,工件在自重作用下与心轴固定单边接触,此时

$$\Delta Y = OO_1 - OO_2 = \frac{D_{max} - d_{min}}{2} - \frac{D_{min} - d_{max}}{2}$$

$$= \frac{D_{max} - D_{min}}{2} - \frac{d_{max} - d_{min}}{2} = \frac{T_D + T_d}{2} \tag{3.7}$$

心轴与定位孔任意边接触(定位元件垂直放置),如图 3.48(c)所示。当心轴垂直放置时,工件水平摆放,定位孔与心轴任意边接触,此时

$$\Delta Y = D_{max} - d_{min} = T_D + T_d + X_{min} \tag{3.8}$$

式中　T_D——工件定位孔直径公差;

　　　T_d——定位心轴直径公差;

　　　X_{min}——定位孔与定位心轴间的最小配合间隙。

(3)工件以圆孔在锥度心轴或锥面支承上定位

工件以圆孔表面在锥度心轴或锥面支承上定位,虽可实现定心,保证一批工件定位时的内孔中心线的位置不变,但在内孔轴线方向却产生了定位误差。

如图 3.51 所示为齿轮毛坯以内孔在小锥度心轴上定位,精车加工外圆及端面时的情况。由于一批工件的内孔尺寸有制造误差,将引起工序基准(左侧端面)位置的变动,从而造成工序尺寸 L 的定位误差。此项定位误差与内孔尺寸公差 T_D 及心轴锥度 K 有关,即

$$\Delta D = l_{max} - l_{min} = \frac{T_D}{K} \tag{3.9}$$

因此,用调整法加工时,一般不采用小锥度心轴。

(4)工件以外圆在 V 形块上定位的定位误差

在夹具设计中,外圆表面定位的方式是定心定位或支承定位,常用的定位元件为各种定位套、支承板和 V 形块。采用各种定位套或支承板定位时,定位误差的分析计算与前述圆孔表面定位和平面定位相同,现着重分析和讨论外圆表面在 V 形块上的定位。

如图 3.52 所示,在一轴类工件上铣一键槽,要求键槽与外圆中心线对称并保证工序尺寸为 H_1,H_2,H_3。现分别分析计算采用 V 形块定位时的各工序尺寸的定位误差。

工件以其外圆在一支承板上定位,由于工件与支承板接触为外圆上的侧母线,故属于支承定位,此时定位基准即为工件外圆的侧母线。而工件以其外圆在 V 形块上定位时,虽工件与 V 形块(相当两个成角 α 的支承板)接触也为工件外圆上的侧母线,但由于定位时系两个

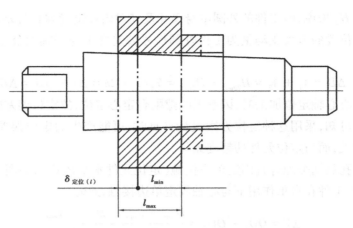

图 3.51　工件圆孔在小锥度心轴定位

侧母线同时接触,故从定位作用来看可认为属于对中定心定位,此时定位基准为工件外圆的中心线。当 V 形块和工件外圆均制造得非常准确时,被定位工件外圆的中心线是确定的,并与 V 形块所确定的理想中心线位置重合。但是,实际上对一批工件来说,其外圆直径尺寸有制造误差,此项误差将引起工件外圆中心线在 V 形块的对称中心面上相对理想中心线位置的偏移,从而造成有关工序尺寸的定位误差。

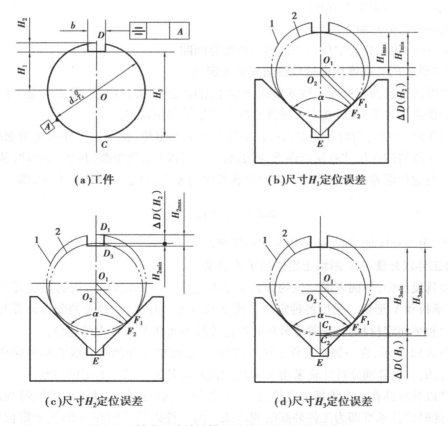

（a）工件　　　　　　　　　　（b）尺寸H_1定位误差

（c）尺寸H_2定位误差　　　　　　（d）尺寸H_3定位误差

图 3.52　轴类工件铣键槽工序简图及定位误差分析

①当工序尺寸为 H_1 时,定位误差分析如图 3.52(c)所示。工序基准为工件外圆中心线 O,在 V 形块上定位属于定心定位,其定位基准也为工件外圆中心线 O,基准重合,即

$$\Delta B = 0, \Delta Y = \frac{T_d}{2 \sin \frac{\alpha}{2}}$$

所以

$$\Delta D = \Delta B + \Delta Y = \frac{T_d}{2 \sin \frac{\alpha}{2}} + 0 = \frac{T_d}{2 \sin \frac{\alpha}{2}} \tag{3.10}$$

②当工序尺寸为 H_2 时,定位误差分析如图 3.52(c)所示。工序基准为外圆柱面上的上母线,与定位基准不重合,此时

$$\Delta B = \frac{T_d}{2}, \Delta Y = \frac{T_d}{2 \sin \frac{\alpha}{2}}$$

由于工序基准在定位基面上,因此

$$\Delta D = \left| \Delta Y \pm \Delta B \right|$$

符号的确定:当定位基面直径由大变小时,定位基准朝下运动,使 H_2 变大;当定位基面直径由大变小时,假定定位基准不动,工序基准相对于定位基准向上运动,使 H_2 变小。两者变动方向相反,故有

$$\Delta D = \left| \Delta Y - \Delta B \right| = \left| \frac{T_d}{2} - \frac{T_d}{2 \sin \frac{\alpha}{2}} \right| = \frac{T_d}{2} \left(1 - \frac{1}{\sin \frac{\alpha}{2}} \right)$$

③当工序尺寸标为 H_3 时,定位误差分析如图 3.52(c)所示。工序基准为外圆柱面上的母线,基准不重合,误差,则

$$\Delta B = \frac{T_d}{2}, \Delta Y = \frac{T_d}{2 \sin \frac{\alpha}{2}}$$

当定位基面直径由大变小时,ΔB 和 ΔY 都使 H_3 变小,故有

$$\Delta D = \left| \Delta Y - \Delta B \right| = \left| \frac{T_d}{2} - \frac{T_d}{2 \sin \frac{\alpha}{2}} \right| = \frac{T_d}{2} \left(1 - \frac{1}{\sin \frac{\alpha}{2}} \right)$$

例 3.2　如图 3.53 所示,工件以圆柱 d_1 外圆定位加工 $\phi 18H8$ 孔,已知 $d_1 = \phi 30^{\ 0}_{-0.01}$ mm,$d_2 = \phi 55^{-0.010}_{-0.056}$ mm,$H = 40 \pm 0.15$ mm,$t = 0.03$ mm,求加工尺寸 40 ± 0.15 mm 的定位误差。

解　定位基准是圆柱 d_1 的轴线 A,工序基准则在 d_2 外圆的素线 B 上,是相互独立的因素,故可按式(3.3)合成。

按式(3.5),则

$$\Delta B = \sum_{i=1}^{n} T_i \cos \beta = \left(\frac{T_{d_2}}{2} + t \right) \cos 0°$$

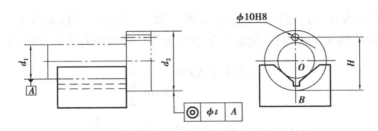

图 3.53　定位误差计算例 2

$$= \left[\frac{0.046}{2} + 0.03 \right] \text{ mm}$$

$$= 0.053 \text{ mm}$$

按式(3.10),则

$$\Delta Y = \frac{T_d}{2 \sin \dfrac{\alpha}{2}} = 0.707 T_{d_1}$$

$$= 0.707 \times 0.01 \text{ mm} = 0.007 \text{ mm}$$

则

$$\Delta D = \Delta B + \Delta Y = (0.053 + 0.007) \text{ mm} = 0.06 \text{ mm}$$

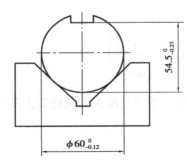

图 3.54　定位误差计算例 3

例 3.3　如图 3.54 所示,用 $\alpha = 90°$ 的 V 形块定位铣轴上键槽,计算定位误差;若不考虑其他误差,判断其加工精度能否满足加工要求。

解　定位基准是外圆 $\phi 60_{-0.12}^{0}$ mm 的轴心线,工序基准是 $\phi 60_{-0.12}^{0}$ mm 的下母线,且工序基准在定位面上,故可合成。

由式(3.4),得

$$\Delta B = \sum_{i=1}^{n} T_i \cos \beta = 0.12 \text{ mm}/2 = 0.06 \text{ mm}$$

由式(3.10),得

$$\Delta Y = \frac{T_d}{2 \sin \dfrac{\alpha}{2}} = 0.707 T = 0.707 \times 0.12 \text{ mm} = 0.085$$

当外圆 $\phi 60_{-0.12}^{0}$ mm,ΔB 使加工尺寸 $54.5_{-0.25}^{0}$ mm 增大,ΔY 使加工尺寸 $54.5_{-0.25}^{0}$ mm 减小,故

$$\Delta D = | \Delta Y - \Delta B | = 0.025 \text{ mm}$$

因为 $\Delta D = 0.025$ mm$< 0.12/3$ mm$(0.04$ mm$)$,故满足加工要求。

例 3.4　如图 3.55 所示,用 90°的 V 形块定位,角度铣刀铣平面,保证尺寸 39±0.04 mm。试计算定位误差,判断其加工精度能否满足加工要求。

解　定位基准和工序基准都是外圆 $\phi 80_{-0.01}^{0}$ mm 的轴心线,基准重合,故 $\Delta B = 0$。

由式(3.10),可得沿 V 形块对称平面的基准位移误差为

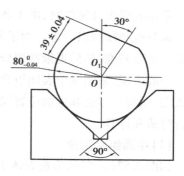

$$\Delta Y = \frac{T_d}{2 \sin \frac{\alpha}{2}} = 0.707T$$

$$= 0.707 \times 0.04 \text{ mm} = 0.028 \text{ mm}$$

将 ΔY 投影到加工尺寸 39±0.04 mm 方向,即

$$\Delta D = \Delta Y \cos 30° = 0.028 \times 0.866 \text{ mm} = 0.024 \text{ mm}$$

因为 $\Delta D = 0.024$ mm < 0.08/3 mm(0.026 7),故满足加工要求。

图 3.55　定位误差计算例 4

(5)工件以圆锥表面定位时的定位误差

在夹具设计中,圆锥表面的定位方式是定心定位,常用的定位元件为各种圆锥心轴、圆锥套和顶尖。

此种定位方式由于工件定位表面与定位元件之间没有配合间隙,故可获得很高的定心精度,即工件定位基准的位置误差为零但由于定位基准——圆锥表面直径尺寸不可能制造得绝对准确和一致,故在一批工件定位时将产生沿工件轴线方向的定位误差。如图 3.56 所示为由于工件锥孔直径尺寸偏差和轴类工件顶尖孔尺寸偏差引起的工序尺寸 L 的定位误差及轴类工件基准 A 的定位误差,其大小均与锥孔(或顶尖孔)的尺寸公差 T_D 和圆锥心轴(或顶尖)的锥角 α 有关,即

$$\Delta D(l) = \frac{T_D}{2} \cot \frac{\alpha}{2} \tag{3.11}$$

$$\Delta D(A) = \frac{T_D}{2} \cot \frac{\alpha}{2} \tag{3.12}$$

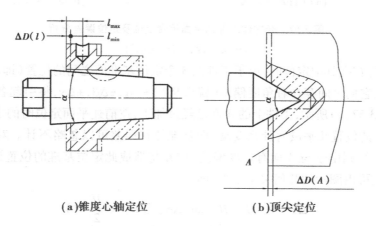

(a)锥度心轴定位　　　　　(b)顶尖定位

图 3.56　圆锥表面的定位的定位误差

3.4.4　表面组合定位时的定位误差

在机械加工中,有很多工件是以多个表面作为定位基准,在夹具中实现表面组合定位的。例如,箱体类工件以 3 个相互垂直的平面或一面两销组合定位,套类、盘类或连杆类工件以平面和内孔表面组合定位,以及阶梯轴类工件以两个外圆表面组合定位等。

采用表面组合定位时,由于各个定位基准面之间存在着位置偏差,故在定位误差的分析和计算时也必须加以考虑。为了便于分析和计算,通常把限制不定度最多的主要定位表面称为第一定位基准,然后再依次划分为第二、第三定位基准。

一般来说,采用多个表面组合定位的工件,其第一定位基准的位置误差最小,第二定位基准次之,而第三定位基准的位置误差最大。下面将对几种典型的表面组合定位时的定位误差进行分析和计算。

(1)平面组合定位

如图 3.57(a)所示为长方体工件以 3 个相互垂直的平面为定位基准,在夹具上实现平面组合定位的情况。为达到完全定位,工件以底面 A 与夹具上处于同一平面的 6 个支承板 1 接触,限制了 3 个自由度,属于第一定位基准;工件以侧面与夹具上处于同一直线上的两个支承钉 2 接触,限制了两个自由度,属于第二定位基准;工件上的 C 面与夹具上的一个支承钉 3 接触,限制了 1 个自由度,属于第三定位基准。

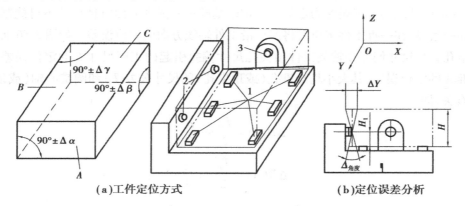

（a）工件定位方式　　　　　（b）定位误差分析

图 3.57　长方体工件的平面组合定位及定位误差分析

1—支承板;2,3—支承钉

当一批工件在夹具中定位时,由于工件上 3 个定位基准面之间的位置(即垂直度)不可能做到绝对准确,它们之间存在着角度偏差(偏离 90°)$\pm\Delta\alpha$,$\pm\Delta\beta$,$\pm\Delta\gamma$,将引起各定位基准的位置误差。如图 3.57(b)所示,工件上的 A 面已经过加工,按前述平面定位时的定位误差分析可知,其定位基准的位置几乎没有什么变动,即基准位移误差可以忽略不计。对于工件上的第二定位基准 B 面,则由于与 A 面有角度偏差,$\pm\Delta\alpha$ 将造成此定位基准的位置误移 ΔY 和角度误差 $\Delta_{角度}$,其值可由图示的几何关系求得,即

$$\Delta Y = \pm (H - H_1)\tan \Delta\alpha（当 H_1 < \frac{H}{2} 时）\tag{3.13}$$

$$或者 \Delta Y = \pm H_1 \tan \Delta\alpha（当 H_1 > \frac{H}{2} 时）\tag{3.14}$$

$$\Delta_{角度} = \pm \Delta\alpha$$

同理,工件上的第三定位基准 C 面,由于与 A 面和 B 面均有角度偏差$\pm\Delta\beta$ 及$\pm\Delta\gamma$,故在定位时将造成更大的基准位移误差和基准角度误差。

例 3.5　如图 3.58 所示,在卧式铣床上用三面刃铣刀加工一批长方形工件,工件在夹具中

实现完全定位。图 3.58（a）为该工件的工序简图，计算工序尺寸 H，L_1 的定位误差及加工面对 A 面的平行度误差。

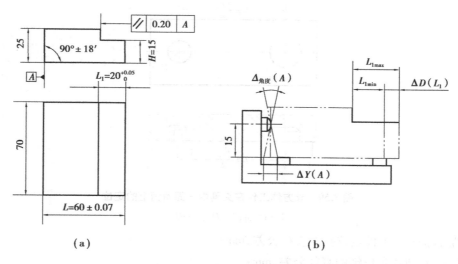

图 3.58　长方形工件加工工序简图及定位误差分析

解　根据如图 3.58（b）所示的几何关系，可知

$\Delta D(H) = \Delta Y(H) + \Delta B(H) = 0$

$\Delta D(L_1) = L_{1max} - L_{1min} = \Delta Y(L_1) + \Delta B(L_1)$

$= 2 \times (15 \times \tan 18') \text{ mm} + 2 \times 0.07 \text{ mm}$

$= 0.296 \text{ mm}$

由式（3.13），得

$\Delta D(\text{平行度}) = \pm (25-15) \tan \Delta_{\text{角度}} = \pm 10 \tan 18' \text{ mm} = \pm 0.052 \text{ mm}$

经过分析和计算，工序尺寸 L_1 的定位误差已超过该工序尺寸公差的 1/3，不能满足加工要求，故需改变定位方案。

（2）平面与内孔组合定位

在加工箱体、支架类零件时，常用工件的一面两孔定位，使其基准统一。如图 3.59 所示为一长方体工件及其在一面两销上的定位情况。这种定位方式的定位元件为支承板、圆柱定位销和菱形销。支承板限制 3 个自由度，圆柱定位销限制两个自由度，菱形销限制 1 个自由度。

一批工件在夹具中定位时，工件上作为第一定位基准的底面 1，没有基准位移误差。但作为第二、第三定位基准的 O_1，O_2，由于与定位销的配合间隙及两孔、两销中心距误差引起的基准位移误差必须考虑，计算方法见式（3.8）。同时，还要考虑转角误差，下面介绍计算方法。

如图 3.60 所示，当工件歪斜时会影响平行度公差，可得工件的转角误差为

$$\tan \Delta \alpha = \frac{X_{1max} + X_{2max}}{2L}$$

$$= \frac{T_{D_1} + T_{d_1} + X_{1min} + T_{D_2} + T_{d_2} + X_{2min}}{2L} \tag{3.15}$$

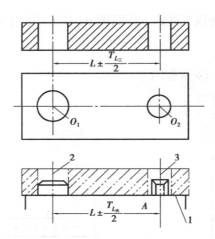

图 3.59 长方体工件在夹具中一面两销上的定位
1—底面;2—O_1;3—O_2

式中 T_{D_1},T_{D_2}——工件定位孔的直径公差,mm;

       T_{d_1}——圆柱定位销的直径公差,mm;

       T_{d_2}——菱形销的直径公差,mm;

       X_{1min}——圆柱定位销与孔间的最小间隙,mm;

       X_{2min}——菱形定位销与孔间的最小间隙,mm;

       L——中心距,mm。

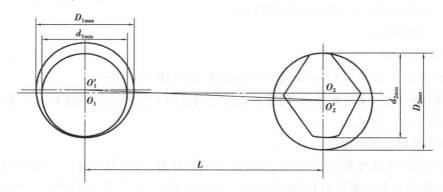

图 3.60 工件转角误差计算方法

例 3.6 如图 3.61(a)所示泵为前盖简图,加工工序为镗削 $\phi 41^{+0.023}_{0}$ mm 孔,铣削两端面尺寸 $107.5^{+0.3}_{0}$ mm,一面两孔定位设计如图 3.61(b)所示,试分析计算定位误差。

解 由图 3.60 可知,孔的公差 $T_{D_1} = T_{D_2} = 0.016$ mm;轴公差 $T_{d_1} = 0.015$ mm,$T_{d_2} = 0.009$ mm;最小间隙 $X_{1min} = 0$,$X_{2min} = 0.016$ mm;中心距公差 $T_L = 0.01$ mm。

①垂直度公差 0.05 mm 定位分析。由于基准重合且平面定位,故 $\Delta D = 0$。

②对称度公差 0.03 mm 定位分析。由于定位基准和工序基准都是两销孔的连线,故$\Delta B = 0$。

按式(3.8),计算 ΔY 得

$$\Delta Y = T_{D_1} + T_{d_1} + X_{\min} = (0.016 + 0.015)\,\text{mm} = 0.031\,\text{mm}$$

$$\Delta D = \Delta Y = 0.031\,\text{mm}$$

③平行度公差 0.05 mm 误差分析。由式(3.15)得

$$\tan \Delta \alpha = \frac{0.016 + 0.015 + 0 + 0.016 + 0.009 + 0.016}{2 \times 156}\,\text{mm} = 0.000\ 23\,\text{mm}$$

$$\Delta Y = \frac{0.023}{100}\,\text{mm}$$

因 $\Delta B = 0$，故定位误差 $\Delta D = \Delta Y = 0.023/100$ mm。

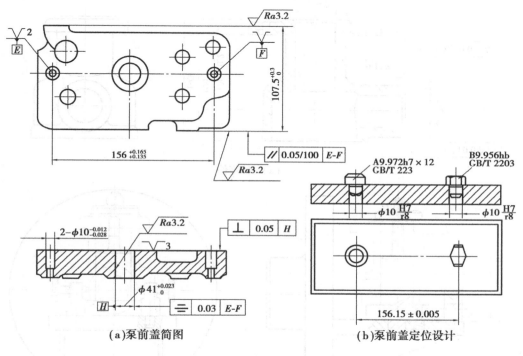

图 3.61　泵前盖的简图

3.5　定位设计

3.5.1　定位设计的基本原则

为满足夹具设计的要求,定位设计应遵循以下原则:

①遵循基准重合原则。使定位基准与工序基准重合,在多工序加工时还应遵循基准统一原则。

②合理选择主要定位基准。主要定位基准应有较大的支承面,较高的精度。

③便于工件的装夹和加工,并使夹具的结构简单。

如图 3.62(a)所示为壳体零件简图,在车床上加工 $\phi52J7$ 孔。其工序尺寸 120±0.2 mm 的

59

工序基准为 C 面,平行度公差 0.03 mm 的工序基准也为 C 面,垂直度公差 0.03 mm 的工序基准为 A($\phi62J7$ 的轴心线)。由于选择 C 面为工序基准会使夹具的结构复杂,且使工件定位不稳固,故改为以 D 面作主要定位基准。为此,按工序尺寸链反算,加工尺寸 170 mm 为 170±0.1 mm(工序尺寸),则新的工序尺寸为 $x = 50±0.1$ mm。夹具的结构如图 3.62(b)所示,用尺寸 50 mm 代替尺寸 120 mm,对尺寸 120±0.2 mm 而言,$\Delta D = \Delta B = 0.2$ mm。从以上述分析可知,由于基准的不重合会对位置精度有所影响,故应同样将工件 D 面的位置精度控制在 $(1/3)T$ 以内,以减小基准不重合误差。经这样处理后,能满足定位的稳固和精度要求。

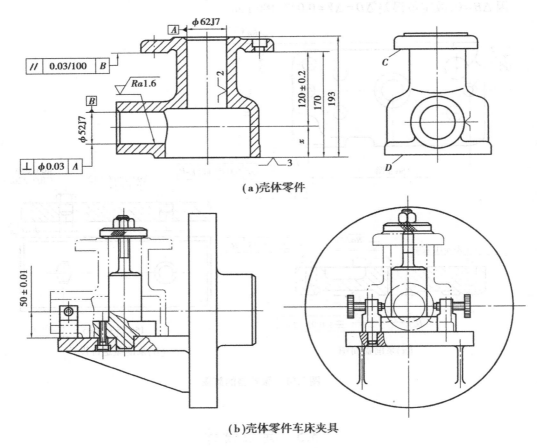

（a）壳体零件

（b）壳体零件车床夹具

图 3.62　壳体零件车床夹具定位设计

3.5.2　对定位元件的要求

（1）足够的精度

由于定位误差的基准位移误差直接与定位元件的定位表面有关,因此,定位元件的定位表面应有足够的精度,以保证工件的加工精度。例如,V 形块的半角公差、V 形块的理论圆中心高度尺寸、圆柱心轴定位圆柱面的圆度、支承板的平面度公差等都应有足够的制造精度。通常定位元件的定位表面还应有较小的表面粗糙度值,一般不低于 $Ra0.80$ μm。

（2）足够的储备精度

由于定位是通过工件的定位基准与定位元件的定位表面相接触来实现的，而工件的装卸将会使定位元件磨损，使定位精度下降。因此，为了提高夹具的使用寿命，定位元件表面应有较高的硬度和耐磨性。特别是在产品较固定的大批量生产中，应注意提高定位元件的耐磨性，使夹具有足够的储备精度。通常工厂可按生产经验和工艺资料对主要定位元件，如 V 形块、心轴等制订磨损公差，以保证夹具在使用周期内的精度。不同的材料有不同的力学性能，定位元件常用的材料有优质碳素结构钢 20 钢、45 钢、65Mn；工具钢 T8，T10；合金结构钢 20Cr，40Cr，以及硬质合金等，经淬火或渗碳淬火达到相应的硬度要求。

（3）足够的强度和刚度

通常对定位元件的强度和刚度是不作校核的，但是在设计时仍应注意定位元件危险断面的强度，以免使用中损坏；而定位元件的刚度也往往是影响加工精度的因素之一。因此，可用类比法来保证定位元件的强度和刚度，以缩短夹具设计的周期。

（4）应协调好与有关元件的关系

在定位设计时，还应处理、协调好与夹具体、夹紧装置、对刀导向元件的关系。有时，定位元件还需留出排屑空间等，以便于刀具进行切削加工。

（5）良好的结构工艺性

定位元件的结构应符合一般标准化要求，并应满足便于加工、装配、维修等工艺性要求。通常标准化的定位元件有良好的工艺性，设计时应优先选标准定位元件。

例 3.7　如图 3.63 所示为拨叉的工序简图。要求钻削 M10 螺孔的底孔 $\phi8.9$ mm，要保证与 C 面的距离为 31.7 ± 0.15 mm；相对 $\phi19^{+0.045}_{0}$ mm 孔轴线的对称度公差为 0.2 mm。

本工序所用机床为 Z525 立式钻床，定位设计如下：

1）分析与加工要求有关的自由度

与对称度公差 0.2 mm 有关的自由度为 $\vec{y}$，$\hat{z}$ 两个，与工序尺 3.17 ± 0.15 mm 有关的自由度为 $\vec{x}$，$\hat{y}$，$\hat{z}$ 3 个，与尺寸 $\phi17^{+0.21}_{+0.07}$ mm 槽位置有关的自由度为 $\hat{x}$。综合后得与加工要求有关的自由度为 $\vec{y}$，$\hat{x}$，$\hat{y}$，$\hat{z}$。

2）选择定位基准，并确定定位方式

按基准重合原则选择 $\phi19^{+0.045}_{0}$ mm 孔，$\phi17^{+0.21}_{+0.07}$ mm 槽和 C 面为定位基准。其中，$\phi19^{+0.045}_{0}$ mm 孔作主要定位基准，限制 $\vec{y}$，$\hat{y}$，$\vec{z}$，$\hat{z}$ 4 个自由度，C 面布置一个支承点，限制工件的 $\vec{x}$ 自由度；$\phi17^{+0.21}_{+0.07}$ mm 槽处的支承点，限制工件的 $\hat{x}$ 自由度。

3）选择定位元件结构

$\phi19^{+0.045}_{0}$ mm 孔采用定位轴 2 定位，其定位面尺寸公差为 $\phi19\text{h}7(^{0}_{-0.021})$ mm。$\phi17^{+0.21}_{+0.07}$ mm 槽采用定位销 3 定位，其规格为 A17.07f7×16GB/T 2203）定位面尺寸为 $\phi17.07\text{f}7(^{-0.016}_{-0.034})$ mm。C 面用平头支承钉 A16×16GB/T 2226。各定位元件的结构和布置如图 3.64 所示。在结构设计时，应注意协调与其他元件的关系。特别注意定位元件在夹具体上的位置。

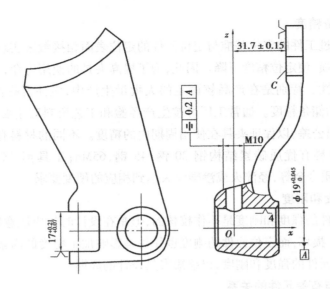

图 3.63　拨叉工序简图

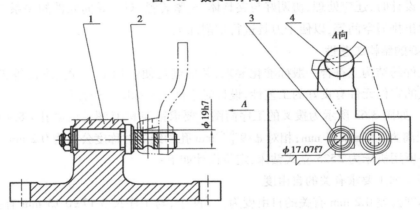

图 3.64　定位设计

1—夹具体;2—定位轴;3—挡销;4—支承钉

4)分析定位误差

a.对称度公差 0.2 mm。对称度 0.2 mm 的定位基准和工序基准都是 $\phi 19_0^{+0.045}$ mm 孔的中心线,基准重合,故 $\Delta B = 0$。

按式(3.8),可计算得

$$\Delta Y = T_D + T_d + X_{\min} = (0.045 + 0.021)\,\text{mm} = 0.066\,\text{mm}$$

$$\Delta D = \Delta Y = 0.066\,\text{mm}$$

b.工序尺寸 31.7±0.15 mm。由于基准重合又是平面定位,故 $\Delta B = 0$, $\Delta Y = 0$,则 $\Delta D = 0$。

例 3.8　如图 3.65 所示的零件,其余表面均已加工好,大批量生产,钻、铰 $\phi 9$H7 孔,根据零件加工要求分析零件定位。

如图 3.65 所示的支架零件,加工 $\phi 9$H7 的孔,其余各面已加工好。大批量生产时,要设计钻床夹具钻 $\phi 9$H7 孔,夹具设计时,应用什么方式定位才能保证孔 $\phi 9$H7 与孔 $\phi 8$H7 的距离尺寸在 20±0.05 mm,并与面 B 的垂直度误差不超过 ϕ0.05 mm。

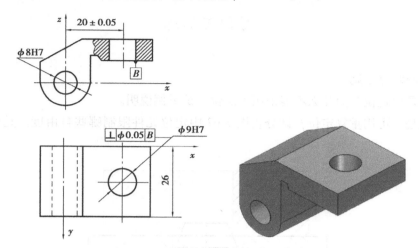

图 3.65　支架

1)零件技术要求分析

钻、铰 ϕ9H7 孔时,必须保证孔 ϕ8H7 中心线与 ϕ9H7 中心线的距离尺寸 20±0.05 mm 和孔 ϕ9H7 中心线与 B 面的垂直度 0.05 mm。使孔 ϕ9H7 中心线在尺寸 26 mm 的对称中心线上。

2)分析必须要限制哪些自由度

为了保证孔 ϕ9H7 中心线与孔 ϕ8H7 中心线的距离尺寸 20±0.05 mm 的精度要求,必须要限制 $\vec{x},\vec{y}$ 和 $\vec{z}$;为了保证孔 ϕ9H7 中心线与端面的垂直度 0.05 mm,必须要限制 $\hat{x},\hat{y}$;为了保证孔 ϕ9H7 中心线在尺寸 26 mm 的对称中心线上,必须要限制 $\vec{y}$。综合后定位时,必须限制 $\vec{x},\vec{y},\hat{x},\hat{y},\hat{z}$ 5 个自由度。

3)定位方案设计

根据工件的特点和基准重合原则,选 B 面作主要定位基准,支承板与其接触限制 $\vec{z},\hat{x},\hat{y}$ 3 个自由度;长菱形销与 ϕ8H7 外圆接触定位,限制 $\vec{x}$ 和 $\hat{z}$ 两个自由度;长菱形销轴肩端面与工件侧面接触,限制 $\vec{y}$ 自由度,如图 3.66 所示。

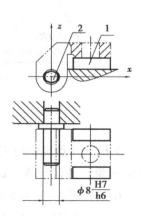

4)定位误差分析

①尺寸 20±0.05 mm。

$\Delta B = 0$,由式(3.8),计算得

$$\Delta D = \Delta Y = T_D + T_d + X_{\min}$$
$$= 0.015 \text{ mm} + 0.009 \text{ mm} + 0 = 0.024 \text{ mm}$$

②垂直度公差 0.05 mm。

$\Delta B = 0, \Delta Y = 0$,则 $\Delta F = 0$。

图 3.66　支架的定位方案

1—支承板;2—长菱形销

习题与训练

1.什么叫六点定则？

2.什么是欠定位？为什么不能采用欠定位？试举例说明。

3.什么是不可用重复定位？试分析图 3.67 中定位元件限制哪些自由度。是否合理？应如何改进？

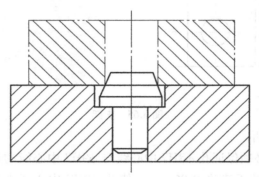

图 3.67　定位元件

4.根据六点定则,试分析图 3.68 各定位元件所限制的自由度。

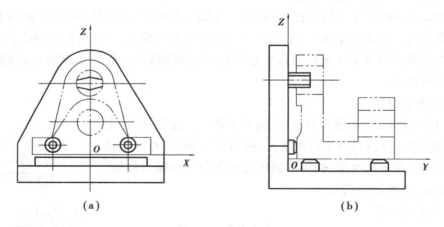

图 3.68　定位方式

5.根据六点定位规则,试分析图 3.69 各定位方案中定位元件所限制的自由度。有无重复定位现象？是否合理？如何改正？

6.试分析图 3.70 各工件需要限制的自由度、工序基准,选择定位基准(并用定位符号在图上表示)及各定位基准限制哪些自由度。

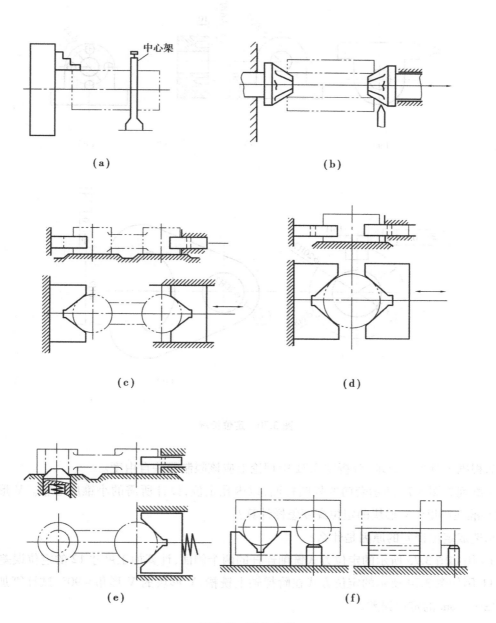

图 3.69　定位方案

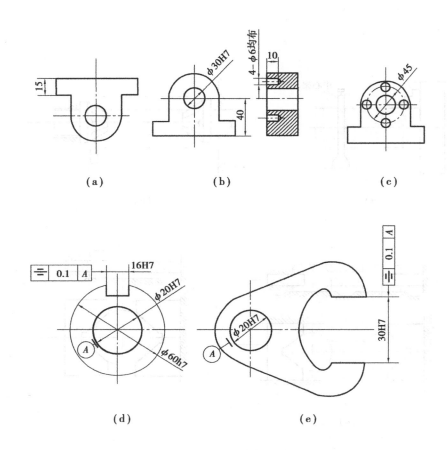

图 3.70　定位情况

7.根据工件加工要求,分析图 3.71 中理论上应该限制哪些自由度。

8.磨削如图 3.72 所示套筒的外圆柱面,以内孔定位,设计所需的小锥度心轴。V 形块的限位基准在哪里?V 形块的定位高度怎样计算?

9.造成定位误差的原因是什么?

10.用如图 3.73 所示的定位方式铣削连杆的两个侧面,计算加工尺寸 12 的定位误差。

11.用如图 3.74 所示的定位方式在阶梯轴上铣槽,V 形块的 V 形角 = 90°,试计算加工尺寸 74±0.1 mm 的定位误差。

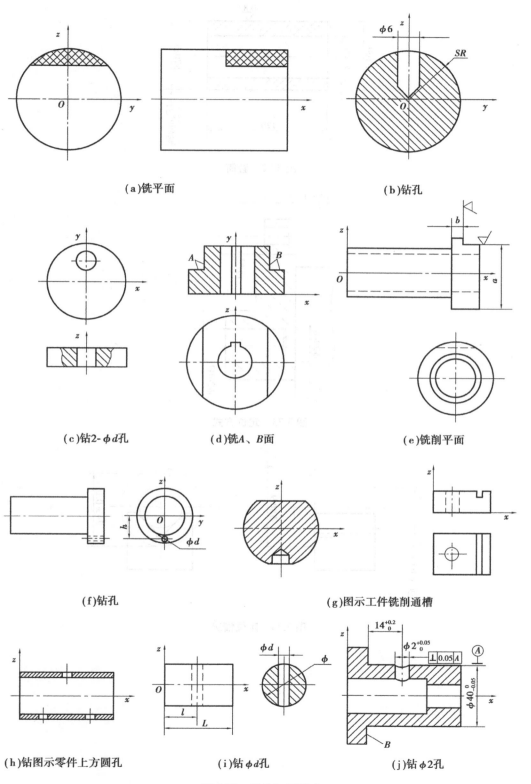

(a)铣平面　　　　　　　　　　(b)钻孔

(c)钻2-φd孔　　　(d)铣A、B面　　　(e)铣削平面

(f)钻孔　　　　　　　(g)图示工件铣削通槽

(h)钻图示零件上方圆孔　　(i)钻φd孔　　　(j)钻φ2孔

图 3.71　工件加工要求

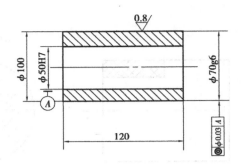

图 3.72　套筒

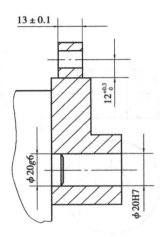

图 3.73　定位方式

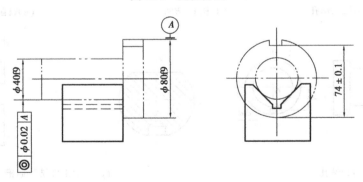

图 3.74　定位情况

第 **4** 章
工件的夹紧

　　如图4.1(a)所示为方肩轴工序图。其定位基准如图示,要大批量生产铣$30_{-0.10}^{0} \times 30_{-0.1}^{0}$ mm方头,其夹具如图4.1(b)所示,长V形块8定位限制4个自由度,回转座4定位限制1个自由度。采用平行对向式多位联动夹紧结构,旋转夹紧螺母6,通过球面垫圈及压板7将工件压在V形块上。4把三面刃铣刀同时铣完两侧面后,取下楔块5,将回转座4转过90°,再用楔块5将回转座定位销锁紧,即可铣工件的另两个侧面。本学习单元将学习夹紧力和夹紧机构的知识。

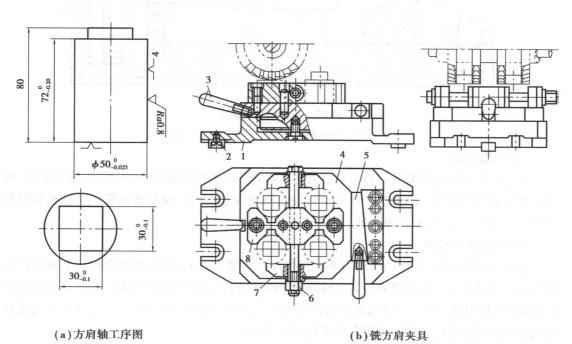

(a)方肩轴工序图　　　　　　　　　　　　　　(b)铣方肩夹具

图 4.1　轴端铣方头工件的装夹
1—夹具体;2—定位键;3—手柄;4—回转座;5—楔块;6—螺母;7—压板;8—V形块

工件在夹具中的装夹是由定位和夹紧这两个过程紧密联系在一起的。定位问题已在前面研究过。仅仅定好位,在大多数场合下,还无法进行加工。只有在夹具上设置相应的夹紧装置对工件实行夹紧,保持工件在定位中所获得的既定位置,以便在切削力、重力、惯性力等外力作用下,不发生移动和振动,确保加工质量和生产安全,才能完成工件在夹具中装夹的全部任务。

4.1 夹紧装置的组成和基本要求

4.1.1 夹紧装置的组成

夹紧装置分为手动夹紧和机动夹紧两类。根据结构特点和功用,典型夹紧装置由以下 3 个部分组成(见图 4.2):

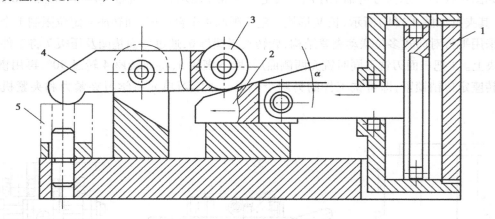

图 4.2 夹紧装置的组成
1—气缸;2—斜楔;3—滚子;4—压板;5—工件

(1)力源装置

它是产生夹紧力的装置。通常是指机动夹紧时所用的气压装置、液压装置、电动装置、磁力装置及真空装置等。图 4.2 中的气缸 1,便是机动夹紧中的一种气压装置。手动夹紧时的力源由人力保证,它没有力源装置。

(2)中间传力机构

通常,力源装置所产生的源动力不直接作用在夹紧元件上,而是通过中间环节来进行力的传递。这种介于力源装置和夹紧元件间的中间环节,称为中间传力机构。图 4.2 中的斜楔 2 和滚子 3 即组成了该夹紧装置的中间传力机构。其目的是将气缸所产生的水平源动力进行放大,传给夹紧元件,得到一个所需的垂直向下的夹紧力。

(3)夹紧元件

它是实现夹紧的最终执行元件。通过它和工具直接接触而完成夹紧工件,如图 4.2 所示的压板 4、三爪卡盘中的卡爪、虎钳的钳口等都属夹紧元件。

4.1.2　夹紧装置的设计要求

夹紧装置的设计和选用是否正确合理,对于保证加工质量、提高生产率、减轻工人劳动强度有很大影响。为此,对夹紧装置提出了以下基本要求:

①夹紧力应有助于定位,而不应破坏定位。

②夹紧力的大小应能保证加工过程中工件不发生移动和振动,并能在一定范围内调节。

③工件在夹紧后的变形和受压表面的损伤不应超出允许的范围。

④应有足够的夹紧行程,手动时要有一定的自锁作用。

⑤结构紧凑、动作灵活,制造、操作、维护方便,省力、安全,并有足够的强度和刚度。

为满足上述要求,核心问题是正确地确定夹紧力。

4.2　夹紧力的 3 个要素

根据力学的基本知识可知,要表述和研究任何一个力,必须掌握力的 3 个要素,即力的大小、方向和作用点。对于夹紧力来说,也不例外。下面提到的有关设计和选用夹紧装置的基本准则,也主要是从正确确定夹紧力的大小、方向和作用点来考虑的。

4.2.1　夹紧力的方向

(1)夹紧力的方向应有助于定位稳定,且主要夹紧力应垂直于主要定位基准面

为使夹紧力有助于定位,工件应紧靠支承点,并保证各个定位基准与定位元件接触可靠。一般来说,工件的主要定位基准面面积较大、精度较高,限制的自由度多,夹紧力垂直作用于此面上,有利于保证工件的加工质量。

如图 4.3(a)所示,被加工孔与左端面有垂直度要求。因此,要求夹紧力 F_W 朝向定位元件 A 面。如果夹紧力改朝 B 面,由于工件左端面与底面的夹角误差,夹紧时将破坏工件的定位,影响孔与左端面的垂直度要求。如图 4.3(b)所示,夹紧力 F_W 应在 V 形块的对称平面上且垂直向下,以使工件与定位支承面稳定接触。

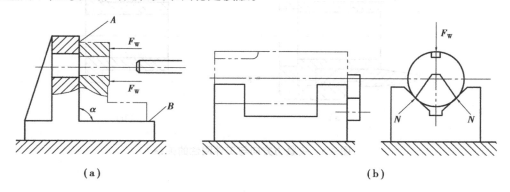

(a)　　　　　　　　　　　　　　　　(b)

图 4.3　夹紧力的方向朝向主要定位面

(2)夹紧力方向应有利于减小夹紧力

在保证夹紧可靠的情况下,减小夹紧力可减轻工人的劳动强度,提高生产效率,同时还可使机构轻便、紧凑,减少工件变形。为此,应使夹紧力的方向最好与切削力 P、工件重力 G 重合,这时所需要的夹紧力最小。如图 4.4(a)所示,主要定位基准面处于水平位置,使夹紧力 F_W 与切削力 P、工件重力 G 同方向都垂直作用在主要定位基准面上,加工过程所需的夹紧力可最小。如图 4.4(b)所示的夹紧力 F_W 和切削力 P、重力 G 反向,夹紧力需满足 $F_W \geqslant P+G$。图 4.4(c)、(d)是依靠工件与夹紧接触面上的摩擦力来平衡的,特别如图 4.4(d)的情况,所需夹紧力最大。

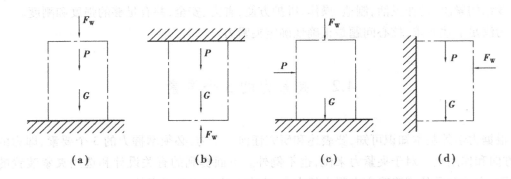

图 4.4 夹紧力方向与夹紧力大小的关系

(3)夹紧力方向应是工件刚性较好的方向

夹紧力方向应是工件刚性较好的方向,以减小工件变形。这一原则对刚性差的工件特别重要。由于工件在不同方向上刚度是不等的,不同的受力表面也因其接触面积大小而产生不同的变形,尤其在夹压薄壁件时,更应注意。如图 4.5 所示,薄套件径向刚性差而轴向刚性好,应采用图 4.5(a)所示的夹紧方案,可避免工件发生严重的夹紧变形和产生较大的加工误差,尽量避免采用如图 4.5(b)所示的方法夹紧。

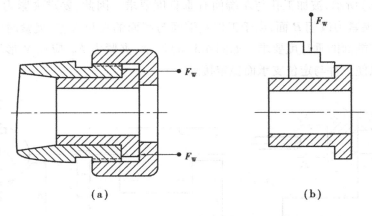

图 4.5 夹紧力方向与工件刚性的关系

4.2.2 夹紧力的作用点

夹紧力的作用点是指夹紧件与工件接触的一小块面积。作用点的选择问题是在夹紧方向已定的情况下才提出的。确定夹紧力作用点的位置和数目时,应考虑工件定位可靠,防止夹紧变形,确保工序的加工精度,应根据下述原则确定作用点的位置:

(1)夹紧力的作用点应落在定位元件的支承范围内

对于主要定位支承面,夹紧力作用点应设置在3个支承点所形成的三角形之内;对于导向定位支承面,夹紧力作用点应设置在两个支点连线上;对于止推定位支承面,夹紧力作用点应对准支承点。

如图4.6(b)、(c)、(e)、(g)所示布置的作用点全落在支承范围内,有助于定位稳定;如图4.6(d)、(f)、(h)所示的夹紧力作用点落到了定位元件支承范围之外,夹紧时将破坏工件的定位,因而是错误的。

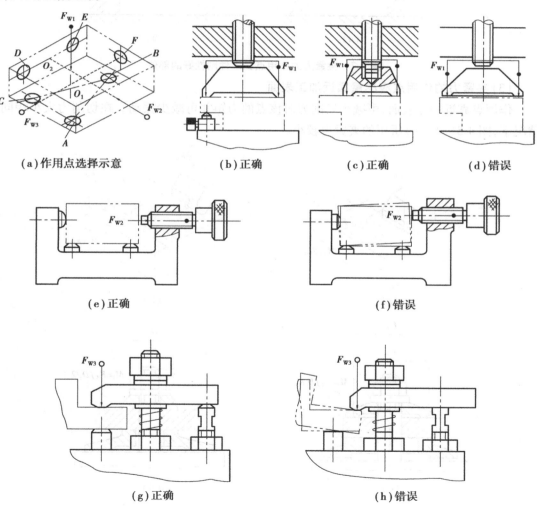

(a)作用点选择示意   (b)正确   (c)正确   (d)错误

(e)正确   (f)错误

(g)正确   (h)错误

图4.6 夹紧力作用点与定位支承的位置关系

（2）夹紧力的作用点应选在工件刚性较好的部位

这样不仅能增强夹紧系统的刚性，而且可使工件的夹紧变形降至最小。如图 4.7 所示，夹紧薄壁箱体时，图 4.7（a）中工件的夹紧变形最小，夹紧也较可靠。图 4.7（b）夹紧力作用在箱体顶面的一点，会使工件产生较大的变形。

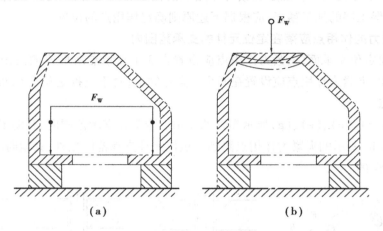

图 4.7　夹紧力的作用点在工件刚性好的部位

（3）夹紧力的作用点应尽量靠近加工表面

作用点靠近加工表面，可减小切削力对该点的力矩并可减少振动。在切削力大小相同的情况下，图 4.8（a）、（c）所用的夹紧力较小。

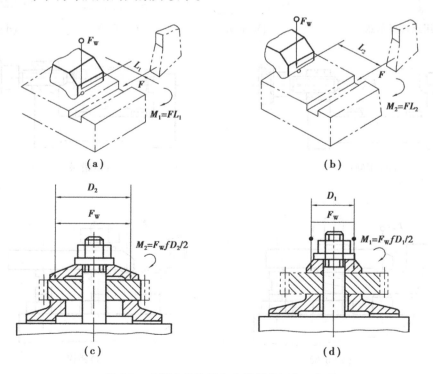

图 4.8　夹紧力的作用点应尽量靠近加工部位

当作用点只能远离加工面,造成工件安装刚性较差时,应在靠近加工面附近设置辅助支承,并施加辅助夹紧力,以减小振动。如图 4.9 所示,由于加工部位刚度较低,增加了辅助支承 2,并尽量靠近被加工表面,同时给予夹紧力 F_{W1},这样使得翻转力矩小而且还增加了工件的刚性,既保证了定位夹紧的可靠性,又减小了振动和变形。

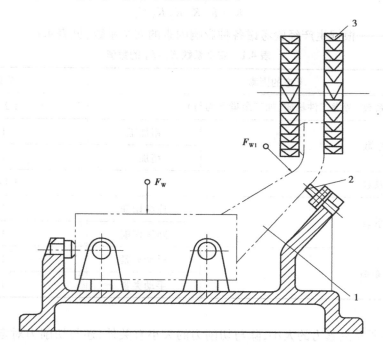

图 4.9　增设辅助支承的辅助夹紧力
1—工件;2—辅助支承;3—铣刀

4.2.3　夹紧力的大小

夹紧力的大小必须适当。夹紧力过小,工件可能在加工过程中移动而破坏定位,不仅影响质量,还可能造成事故;夹紧力过大,不但会使工件和夹具产生变形,对加工质量不利,而且造成人力、物力的浪费。

理论上夹紧力的大小应与这些力或力矩的作用相平衡。实际上,夹紧力的大小还与工艺系统的刚度、夹紧机构的传递效率等因素有关,而且切削力的大小在加速过程中是变化的。因此,夹紧力的计算是很复杂的。在实际设计中,常采用估算法、类比法和试验法确定所需的夹紧力。

当采用估算法确定夹紧力的大小时,为简化计算,通常将夹具和工件看作一个刚性系统。根据工件所受切削力、夹紧力(大型工件应考虑重力、惯性力等)的作用情况,分析加工过程中夹紧力最不利的状态,估算此状态所需的夹紧力,只考虑主要因素在力系中的影响,按静力平衡原理计算出理论夹紧力,最后再乘以安全系数作为实际所需夹紧力,即

$$F_{WK} = KF_W \tag{4.1}$$

式中　F_{WK}——实际所需夹紧力，N；

　　　　F_W——理论夹紧力，N；

　　　　K——安全系数。

　　安全系数 K 可计算为

$$K = K_0\,K_1\,K_2\,K_3\,K_4$$

式中　$K_0 \sim K_4$——根据生产经验考虑各种影响因素的安全系数，见表4.1。

表 4.1　安全系数 $K_0 \sim K_4$ 的数值

考虑的因素		系数值
K_0—基本安全系数(考虑工件材质、加工余量不均与)		1.2~1.5
K_1—加工性质系数	粗加工	1.2
	精加工	1.0
K_2—刀具钝化系数		1.1~1.3
K_3—切削特点系数	连续切削	1.0
	断续切削	1.2
K_4 夹紧力稳定系数	机动夹紧	1.0
	手动夹紧	1.3

　　夹紧工件所需夹紧力的大小，除与切削力的大小有关外，还与切削力对定位支承的作用方向有关。下面通过实例进行分析计算。

　　例 4.1　用三爪卡盘夹持工件车削端面时夹紧力的计算，如图4.10所示。

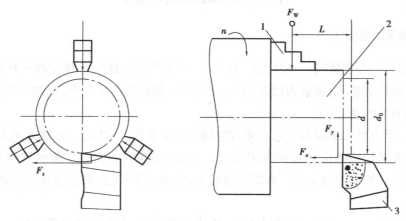

图 4.10　车削加工所需夹紧力

1—三爪卡盘；2—工件；3—车刀

　　解　如图4.10所示的工件用三爪卡盘夹紧，车削时受切削分力 F_x，F_y，F_z 的作用。主切削力 F_z 形成的转矩为 $F_z(d/2)$，使工件相对卡盘顺时针转动；F_y 和 F_z 还一起以工件为杠杆，力图扳松卡爪;F_x 与开盘的端面反力相平衡。为简化计算,工件较短时只考虑切削转矩的影响,忽略 F_y。根据静力平衡条件并考虑安全系数,需要每个卡爪实际输入的夹紧力为

$$F_z \frac{d_0}{2} = 3F_W f \frac{d}{2}$$

$$F_{WK} = K'F_W = \frac{K'F_z}{3f}(当\ d \approx d_0\ 时)$$

式中　f——工件与卡爪间的摩擦系数。

当工件的悬伸长 L 与夹持直径 d 之比 $L/d>0.5$ 时,F_y 对夹紧的影响不能忽略,可乘以修正系数 K' 补偿,K' 值按 L/d 的比值在表 4.2 内选取。

表 4.2　修正系数 K' 的数值

L/d	0.5	1.0	1.5	2.0
K'	1.0	1.5	2.5	4.0

例 4.2　铣削:卧铣夹持工件在六点支承夹具中定位用圆柱铣刀铣平面时的夹紧力的计算,如图 4.11 所示。

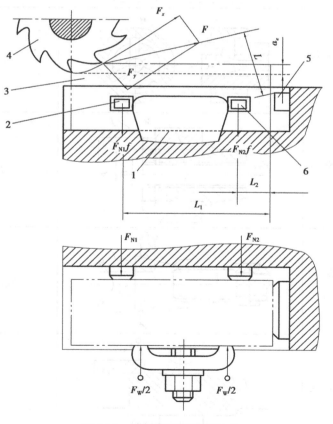

图 4.11　铣削加工所需夹紧力

1—压板;2,6—导向支承;3—工件;4—铣刀;5—止推支承

解 当铣削到切削深度最大时,引起工件绕止推支承 5 翻转为最不利的情况,其翻转力矩为 F_L;而阻止工件翻转的支承 2,6 上的摩擦力矩为 $F_{N2}fL_1 + F_{N1}fL_2$,工件重力及压板与工件间的摩擦力可忽略不计。当 $F_{N2} = F_{N1} = F_W/2$ 时,根据静力平衡条件并考虑安全系数,得

$$FL = \frac{F_W}{2}fL_1 + \frac{F_W}{2}fL_2$$

$$F_{WK} = \frac{2KFL}{f(L_1 + L_2)}$$

式中 f——工件与导向支承间的摩擦系数。

常见的各种夹紧形式所需夹紧力见表 4.3 和表 4.4。

表 4.3　常见夹紧形式所需的夹紧力计算公式

夹紧形式	加工简图	计算公式
用卡盘夹抓紧工件外圆	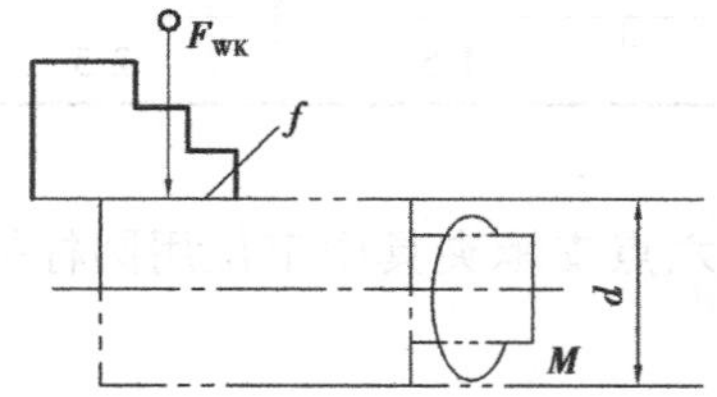	$F_{WK} = \dfrac{2KM}{ndf}$
用可涨心轴斜楔夹紧工件内孔	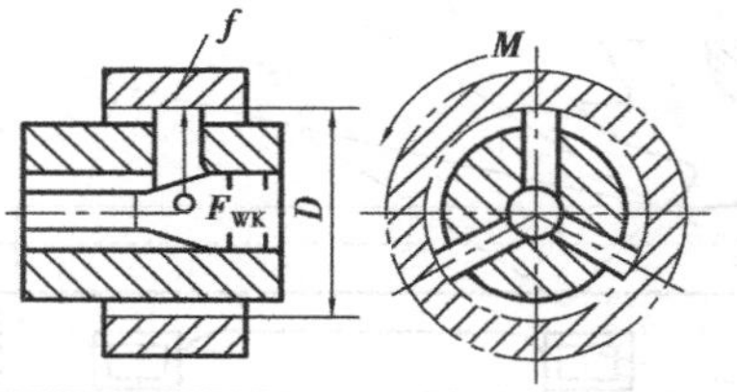	$F_{WK} = \dfrac{2KM}{nDf}$
用拉杆压板夹紧工件端面	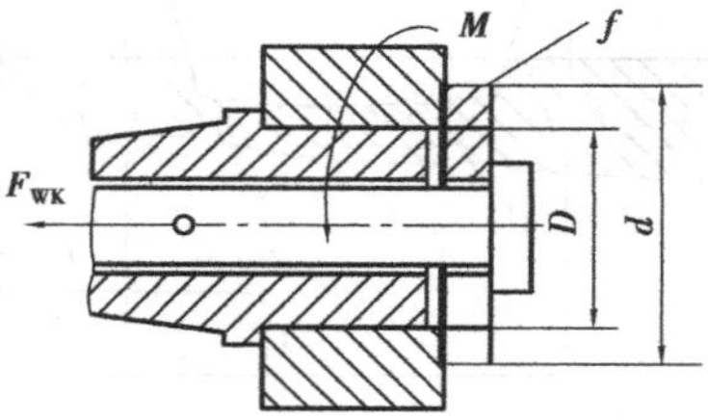	$F_{WK} \approx \dfrac{4KM}{(d+D)f}$
用弹簧夹头夹紧工件	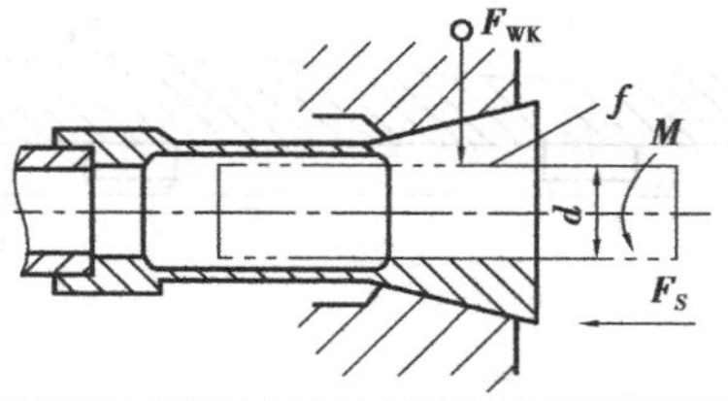	$F_{WK} = \dfrac{K}{f}\sqrt{\dfrac{4M^2}{d^2} + F_W^2}$
用压板夹紧工件端面	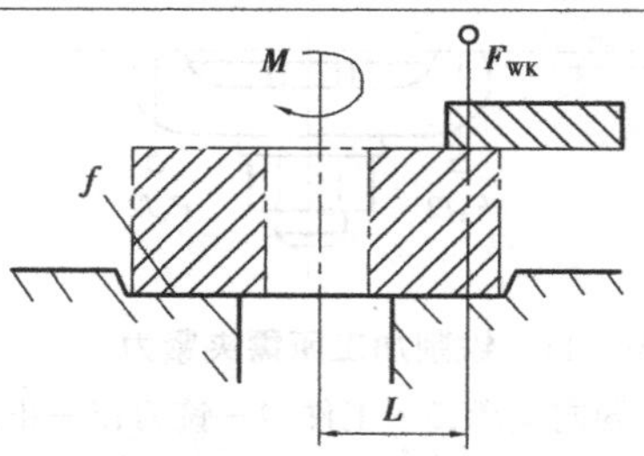	$F_{WK} \approx \dfrac{KM}{Lf}$

夹紧形式	加工简图	计算公式
用钳口夹紧工件端面		$F_{WK} = \dfrac{K(F_{1a} + F_{1b})}{L}$
用压板和 V 形块夹紧工件		$F_{WK} = \dfrac{2KM}{df} \dfrac{\sin\dfrac{\alpha}{2}}{1 + \sin\dfrac{\alpha}{2}}$
用两个 V 形块夹紧工件		$F_{WK} = \dfrac{KM}{df} \dfrac{1}{\sin\dfrac{\alpha}{2}}$

注:F_{WK}—所需夹紧力,N;M—切削扭矩,N·mm;F_1,F_2—切削力,N;K—安全系数;d—工件的直径,mm;n—夹爪数目;f—工件与支持面间的摩擦系数,其数值参见表 4.4。

表 4.4 各种不同接触表面之间的摩擦系数 f

接触表面的形式	摩擦系数 f	接触表面的形式	摩擦系数 f
接触表面均为加工过的光滑表面	0.12~0.25	夹具夹紧元件的淬硬表面在垂直主切削力方向有齿纹	0.4
工件表面为毛坯,夹具的支撑面为球面	0.2~0.3	夹具夹紧元件的淬硬表面有相互垂直的齿纹	0.4~0.5
夹具夹紧元件的淬硬表面在主切削力方向有齿纹	0.3	夹具夹紧元件的淬硬表面有网状齿纹	0.7~0.8

　　用计算法确定夹紧力的大小,很难计算准确。这是因为在切削过程中,加工余量、工件硬度、刀具磨损等情况是时刻变化的,所以计算出来的夹紧力数值还要乘上一个范围较大的安全系数。因此,设计手动夹紧装置时,常根据经验或类比的方法确定所需夹紧力的大小。当设计气动、液压或多件夹紧装置,夹持刚性较差工件的夹紧装置时,大多对切削力进行试验测

定后,再估算所需夹紧力的数值。

4.2.4　减小夹紧变形的措施

工件在夹具中夹紧时,夹紧力通过工件传至夹具的定位装置,会造成工件及其定位基面和夹具变形,造成加工误差增大。如图 4.12 所示为工件夹紧时弹性变形产生的圆度误差 Δ 和工件定位基面与夹具支承面之间接触变形产生的加工尺寸误差 Δy。

由于弹性变形计算复杂,故在夹具设计中不宜作定量计算,主要是采取各种措施来减少夹紧变形对加工精度的影响。

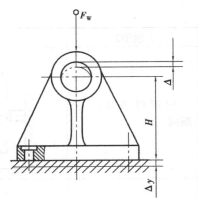

图 4.12　工件夹紧变形

(1)分散着力点和增加压紧件接触面积

如图 4.13 所示的三点夹紧薄壁工件造成的径向变形 ΔR 大约是六点夹紧的 10 倍。因此,对于薄壁类和刚性较差的工件,分散着力点和增加压紧件接触面积可有效地降低夹紧变形。如图 4.14(a)所示,用一块浮动压板将夹紧力的着力点分散,从而改变着力点的位置,减少着力点的压力,减少变形。如图 4.14(b)所示为三爪卡盘夹紧薄壁工件的情况,使用宽卡爪增大了和工件的接触面积,变集中力为分散力,减少变形。

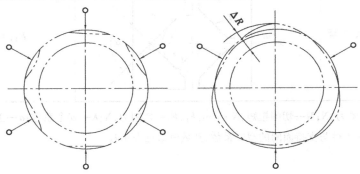

图 4.13　夹紧力作用点数目与工件变形的关系

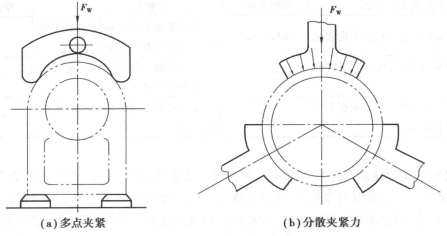

（a）多点夹紧　　　　　　　　　　（b）分散夹紧力

图 4.14　分散夹紧力着力点

（2）增加辅助支承和辅助夹紧点

对于刚度差的工件，应采用浮动夹紧装置或增设辅助支承。如图4.15所示为浮动夹紧实例。因工件形状特殊，刚度低，右端薄壁部分若不夹紧，势必产生振动。由于右端薄壁受尺寸公差的影响，其位置不固定。因此，必须采用浮动夹紧才不会引起工件变形，确保工件有较高的装夹刚度。如图4.16所示为通过增设辅助支承达到强化工件刚度减少变形的目的。

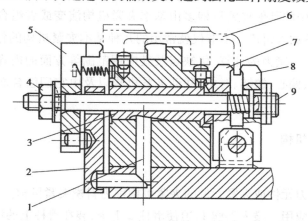

图4.15　浮动式螺旋压板机构
1—滑柱；2—杠；3—套筒；4—螺母；
5—压板；6—工件；7,8—浮动卡爪；9—拉杆

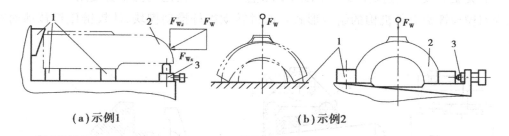

（a）示例1　　　　　　　　**（b）示例2**

图4.16　增加辅助支持减小变形
1—固定支承；2—工件；3—辅助支承

如图4.16所示，在夹紧时通过增设辅助支承来增强刚性、减小变形，可使工件获得满意的夹紧状态。

（3）其他措施

改善夹具与工件接触面的形状，提高接合面的质量，如提高接合面硬度、降低表面粗糙度值，必要时经过预压等措施可以减小工件的夹紧变形。对极薄的特殊工件，精加工仍达不到所要求的精度，还需要进行机械加工。对于这种情况，上述的各种措施均不能满足需要。我国学者于20世纪60年代曾提出过冻结式夹具的设想，类似的夹具现在美国已有所应用。这类夹具是将极薄的特性工件定位于一个随行的型腔里，然后浇灌低熔点金属，固结后一起加工，加工完成后加热熔解低熔点金属取出工件。低熔点金属的浇灌及熔解分离都是在流水生产线上进行的。

4.3 夹紧机构设计

夹具的基本夹紧机构已典型化和标准化,并已列于夹具图册或夹具设计手册中,供设计者选用或参考。夹具中的其他夹紧机构多由基本夹紧机构演变或者组合而成。基本夹紧机构的类型较多,在此不加以讨论。本节仅就常用的几种基本夹紧机构的作用原理、结构特点、基本几何参数的确定、夹紧力的计算、优缺点及其应用范围等方面的内容进行论述。在夹紧机构中,以斜楔、螺旋、偏心、铰链、对中、联动夹紧机构以及由它们组合而成的夹紧装置应用最为普遍。

4.3.1 斜楔夹紧机构

(1)作用原理

采用斜楔作为传力元件或夹紧元件的夹紧机构称为斜楔夹紧机构。如图 4.17(a)所示为斜楔夹紧机构的一种应用。敲入斜楔 1,迫使滑柱 2 下降,装在滑柱上的浮动压板 3 即可同时夹紧两个工件 4。加工完毕后,锤击斜楔 1 的小头,松开工件。完毕后,锤击斜楔小头,松开工件。由此可见,斜楔主要是利用其斜面移动时所产生的压力夹紧工件的。由于用斜楔直接夹紧工件的夹紧力较小,且操作费时,因此,实际生产中多与其他机构联合使用。如图 4.17(b)所示为斜楔与螺旋夹紧机构的组合形式。通过转动螺杆推动楔块,使铰链压板转动而夹紧工件。

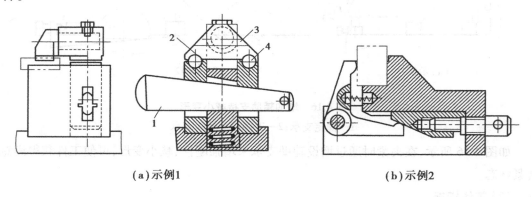

(a)示例1　　　　　　　　　　　　　(b)示例2

图 4.17　斜楔夹紧机构

1—斜楔;2—滑柱;3—浮动压板;4—工件

(2)夹紧力的计算

如图 4.18(c)所示为最简单的斜楔夹紧机构简图。斜楔具有一斜角为 α 的斜面,当其与具有相同斜角的斜面支承之间有相对运动时,斜楔顶面的高度位置就必定发生变化,从而可将工件夹紧或松开。当斜楔向左移动 s 时,高度升高为 h。

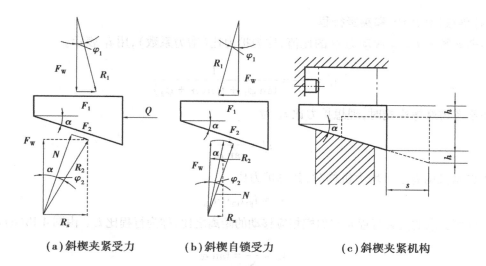

| （a）斜楔夹紧受力 | （b）斜楔自锁受力 | （c）斜楔夹紧机构 |

图4.18 斜楔的受力分析

取斜楔为受力体,其受力如图4.18(a)所示。其静力平衡条件为

$$F_1 + R_x = Q$$

而

$$F_1 = F_W \tan \varphi_1 \qquad R_x = F_W \tan (\alpha + \varphi_2)$$

故有

$$F_W = \frac{Q}{\tan \varphi_1 + \tan (\alpha + \varphi_2)} \tag{4.2}$$

式中 F_W——斜楔夹紧时所产生的夹紧力,N;

φ_1,φ_2——斜楔与工件、斜楔与夹具体接触面间的摩擦角,(°);

α——斜楔升角,(°);

Q——源动力,N。

（3）斜楔的自锁条件

如图4.18(b)所示,斜楔在源动力 Q 消失后,如果能自锁,则摩擦力 F_1 应大于水平分力 R_x,故自锁条件为

$$F_1 > R_x$$

即

$$F_W \tan \varphi_1 > F_W \tan (\alpha - \varphi_2)$$
$$\varphi_1 > \alpha - \varphi_2$$
$$\alpha < \varphi_1 + \varphi_2 \tag{4.3}$$

斜楔夹紧自锁条件是:斜楔升角 α 必须小于斜楔与工件、斜楔与夹具体之间两处摩擦角之和 $\varphi_1 + \varphi_2$。一般钢铁接触面的摩擦系数 $f = 0.1 \sim 0.15$,相应摩擦角 $\varphi = 5°43' \sim 8°30'$,则自锁时 $\alpha = 10° \sim 17°$。

为保证夹紧机构的自锁性能,手动夹紧一般取 $\alpha = 6° \sim 8°$,机动夹紧如用液压缸、气缸等动力推动斜楔时,此时斜楔不要求自锁,在不考虑自锁时 $\alpha = 15° \sim 30°$。

（4）斜楔增力特性和夹紧行程

斜楔夹紧力 F_W 与源动力 Q 的比值，称为扩力比（增力系数），用 i_F 表示。

$$i_F = \frac{F_W}{Q} = \frac{1}{\tan\varphi_1 + \tan(\alpha + \varphi_2)}$$

在不考虑摩擦影响时，理想扩力比 i_F' 为

$$i_F' = \frac{1}{\tan\alpha} \tag{4.4}$$

当夹紧机构有多个增力机构时，其总扩力比

$$i_F = i_{F1}i_{F2}\cdots i_{Fn}$$

工件所要求的夹紧行程 h 与斜楔相应移动的距离之比，称为行程比 i_S。由图 4.18(c) 可知

$$i_S = \frac{h}{S} = \tan\alpha \tag{4.5}$$

当不计摩擦时，理想扩力比为 $i_F = 1/\tan\alpha = i_S$，即理论上夹紧力的增力倍数和夹紧行程的缩小倍数相同。相应的，夹紧力增大多少倍，夹紧行程就缩小多少倍。这是斜楔行程的一个重要特性。表 4.5 为常见的几种斜楔夹紧机构的 i_F 值。

表 4.5　几种斜楔增力机构的 i_F 值

结构示意图	α	i_F	η	结构示意图	α	i_F	η
	5°	3.3	0.29		5°	5.25	0.46
	10°	2.47	0.43		10°	3.5	0.62
	15°	1.92	0.52		15°	2.6	0.70
	5°	4.1	0.36		5°	5.32	0.46
	10°	2.9	0.51		10°	3.6	0.63
	15°	2.2	0.58		15°	2.7	0.73

注：1.本表依据：$\varphi_1 = \varphi_2 = \varphi_3 = 5°43'$，$\dfrac{l_1}{l_2} = 0.7$，$\dfrac{d}{D} = 0.5$，$\varphi_3$—滑柱处的摩擦角。

2.$\eta = i_F/i = i_F\tan\alpha$（$i_F$—理想扩力比）。

3.各机构斜楔的行程 $h = s\tan\alpha$。

（5）斜楔夹紧机构的设计要点

设计斜楔夹紧机构的主要工作内容为确定斜楔的升角和夹紧机构所需的夹紧力这两个参数。其设计步骤如下：

1）确定斜楔的升角 α

斜楔的升角与斜楔的自锁性能和夹紧行程有关。因此，确定 α 的值时，可视具体情况而定：一般手动夹紧，在不要求斜楔有较大的夹紧行程时，主要从确保夹紧机构的自锁条件出发来确定 α 的大小，即取 $6°\sim 8°$；不需要自锁的机动夹紧，取 $\alpha = 15°\sim 30°$；在要求斜楔有较大的夹紧行程，又要有良好的自锁时，可采用双斜面斜楔。如图 4.19 所示，斜楔前段采用较大的斜角 α_1，以保证有较大的行程，后段采用较小的斜角 α_2，以确保自锁。

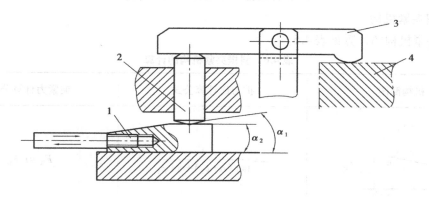

图 4.19　双斜面斜楔夹紧机构
1—斜楔；2—滑柱；3—压板；4—工件

2）结构设计

因用手动的斜楔直接夹紧工件费时费力，效率极低，故实际生产中应用不多，多数情况下是斜楔与其他元件或机构组合起来使用。如图 4.20 所示为斜楔与螺旋组合的夹紧机构。转动螺杆带动斜楔 2 前移，从而推动铰链压板 3 转动而夹紧工件。如图 4.21 所示为斜楔与压板组合的夹紧机构。用于手动夹紧，转动端面斜楔 3，通过螺钉使压板 2 转动夹紧工件。

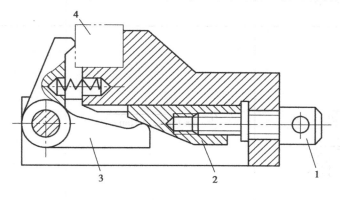

图 4.20　斜楔与螺旋组合的夹紧机构
1—螺旋；2—斜楔；3—压板；4—工件

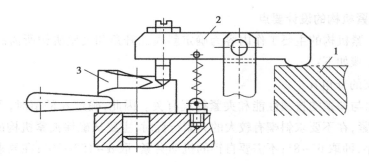

图 4.21　斜楔与压板组合的夹紧机构
1—工件螺旋;2—压板;3—端面斜楔

3)斜楔夹紧机构

斜楔夹紧机构的计算见表 4.6。

表 4.6　斜楔夹紧机构的计算

机构简图	扩力比计算公式	夹紧力计算公式
	$i_F = \dfrac{1}{\tan(\alpha+\varphi_2)+\tan\varphi_1}$	$F_W = i_F F_Q$
	$i_F = \dfrac{1}{\tan(\alpha+\varphi_2')+\tan\varphi_1}$	$F_W = i_F F_Q$
	$i_F = \dfrac{1}{\tan(\alpha+\varphi_2')+\tan\varphi_1'}$	$F_W = i_F F_Q$

续表

机构简图	扩力比计算公式	夹紧力计算公式
	$$i_F = \frac{1}{\tan(\alpha+\varphi_2') + \tan\varphi_1'}$$	$$F_W = i_F F_Q$$
	$$i_F = \frac{1 - \tan(\alpha+\varphi_2) + \tan\varphi_3}{\tan(\alpha+\varphi_2) + \tan\varphi_3}$$	$$F_W = i_F F_Q$$
	$$i_F = \frac{1 - \tan(\alpha+\varphi_2') + \tan\varphi_3}{\tan(\alpha+\varphi_2') + \tan\varphi_3}$$	$$F_W = i_F F_Q$$
	$$i_F = \frac{1 - \dfrac{3l}{h}\tan(\alpha+\varphi_2') + \tan\varphi_3}{\tan(\alpha+\varphi_2') + \tan\varphi_3}$$	$$F_W = i_F F_Q$$

注: α—斜楔升角; φ_1—平面摩擦时作用在斜楔基面上的摩擦角; φ_2—平面摩擦时作用在斜面上的摩擦角; φ_3—导向孔对移动柱塞的摩擦角; φ_2'—滚子作用在斜楔基面上的当量摩擦角; $\tan\varphi_2' = \dfrac{d}{D}\tan\varphi_2$, φ_2'—滚子作用在斜面上的当量摩擦角。 $\tan\varphi_2' = \dfrac{d}{D}\tan\varphi_1$, l—移动柱塞导向孔的中点至斜楔面的距离,mm; F_Q—作用在斜楔上的外力,N; d—滚子转轴直径,mm; D—滚子外径,mm。

(6)斜楔夹紧机构的特点及应用范围

斜楔夹紧机构的优点是结构简单,易于制造,具有良好的自锁性,并有增力作用。其缺点是增力比小,夹紧行程短,且动作慢,故很少用于手动夹紧机构中,而在机动夹紧机构中应用较广。

4.3.2　螺旋夹紧机构

由螺钉、螺母、垫圈、压板等元件组成的夹紧机构,称为螺旋夹紧机构。螺旋夹紧机构不仅结构简单、容易制造,而且自锁性好,夹紧力大,是夹具上用得最多的一种夹紧机构。

螺旋夹紧机构可分为简单螺旋夹紧机构、螺旋压板夹紧机构和快速螺旋夹紧机构3大类。

(1)简单螺旋夹紧机构

1)作用原理

夹紧机构中所用的螺旋,实际上相当于把斜楔绕在圆柱体上。因此,它的夹紧作用原理与斜楔是一样的,不过这里是通过转动螺旋,使绕在圆柱体上的斜楔高度发生变化来夹紧工件的。

2)结构形式

简单螺旋夹紧机构有两种,螺钉夹紧和螺母夹紧机构。如图4.22所示为螺钉螺旋夹紧机构。如图4.22(a)所示用螺钉直接夹压工件,易夹伤工件表面且在夹紧过程中可能使工件转动因此这种方法较少被采用。如图4.22(b)所示,可在螺钉头部加上摆动压块消除上述缺点。

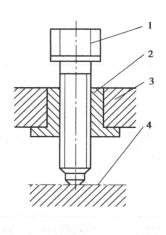 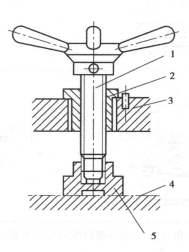

(a)螺钉夹紧机构　　　　　　　　(b)带摆块的螺钉夹紧机构

图4.22　螺钉螺旋夹紧机构

1—螺钉;2—螺纹套;3—夹具体;4—工件;5—摆动压块

如图 4.23 所示为摆动压块的结构形式。图 4.23(a)为光滑压块,用于夹紧经过加工的光滑面;图 4.23(b)为槽面压块,用于夹压未经加工的粗糙表面;当夹紧要求螺杆不转动时,可采用图 4.23(c)的结构。

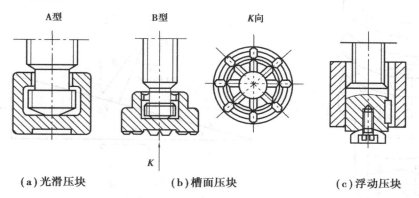

（a）光滑压块　　　　（b）槽面压块　　　　（c）浮动压块

图 4.23　摆动压块

如图 4.24 所示为螺母夹紧机构。图 4.24(a)中螺母 1 用扳手拧动,螺母下移通过球面垫圈 3 夹紧工件 2,球面垫圈 3 可使工件受到的夹紧力均匀,避免螺杆弯曲。图 4.24(b)的星形螺母 1 可直接用手拧动。

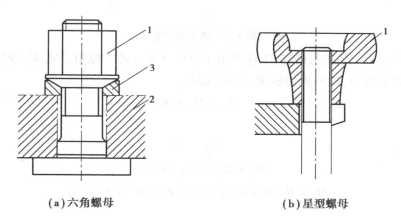

（a）六角螺母　　　　　　　　（b）星型螺母

图 4.24　螺母夹紧
1—螺母;2—工件;3—球面垫圈

3）夹紧力计算

螺旋夹紧机构的工作原理如图 4.25(a)所示,与斜楔相似。若将螺旋沿中径展开,得到如图 4.25(b)所示的斜楔,其斜角等于该螺旋面的螺旋升角。转动螺杆,相当于移动斜楔夹紧工件。

原始作用力为施加在手柄上的力矩 M_Q。工件对螺杆的反作用力有:垂直于螺杆端部的反作用力即夹紧力 F_W 和摩擦力 F_1(与接触形式有关)。此两力分布于整个接触面,计算时可视为集中于半径 r' 的圆环上,r' 称为当量摩擦半径,其合力为 R_1。螺母对螺杆的作用力有垂直于螺纹面上的力 N' 和螺纹面上的摩擦力 F_2,其合力为 R_2。此力分布于整个螺纹面上,计算时,可视为集中在螺纹中径处。

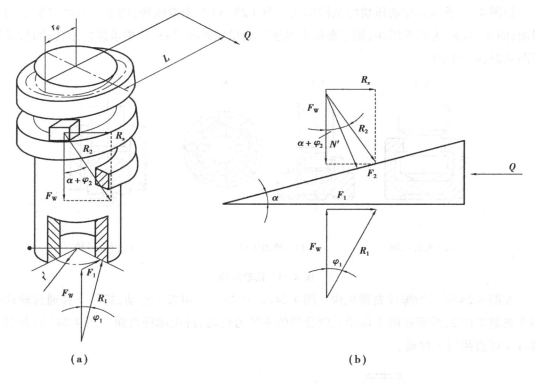

图 4.25　螺杆受力分析

以螺杆为受力对象进行研究,工件作用于螺杆下端部的摩擦阻力矩 M_1 及螺母作用于螺杆上的摩擦阻力矩 M_2 应与外力矩 M_Q 平衡,即有

$$M_Q = M_1 + M_2$$

其中

$$M_Q = QL$$

$$M_1 = R_1 r' = F_W \tan \varphi_1 r'$$

$$M_2 = R_2 \sin (\alpha + \varphi_2) r_2 = F_W \tan (\alpha + \varphi_2) r_2$$

可得

$$F_W = \frac{QL}{r' \tan \varphi_1 + r_2 \tan (\alpha + \varphi_2)} \tag{4.6}$$

式中　Q——作用螺杆手柄上的源动力,N;

　　　L——力 Q 作用点到螺杆中心的距离,mm;

　　　F_W——夹紧力,N;

　　　α——螺杆的螺旋升角,(°);

　　　r_2——螺杆上的螺纹中径的一半,mm;

　　　r'——夹紧螺杆端部的当量摩擦半径,其值与螺杆头部的结构形式有关,见表4.7;

　　　φ_1——螺杆头部与工件间的摩擦角,(°);

　　　φ_2——螺旋副的摩擦角,(°)。

表 4.7 螺杆端部与工件的当量摩擦半径计算公式

形 式		简 图	计算公式	数 值				
				M8	M10	M12	M16	M20
I	点接触	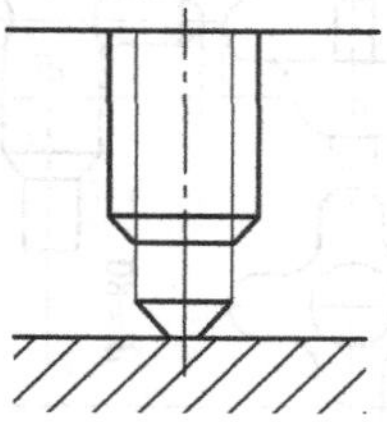	$r'=0$	0	0	0	0	0
II	平面接触	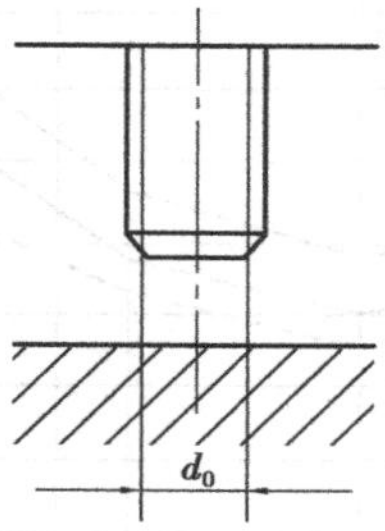	$r'=\dfrac{d_0}{3}$	$d_0=6$	$d_0=7$	$d_0=9$	$d_0=12$	$d_0=15$
				2	2.3	3	4	5
III	圆周线接触	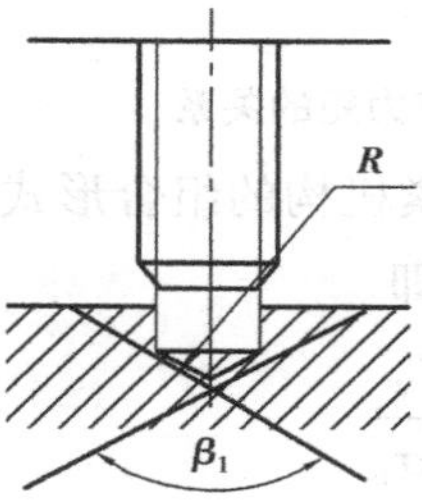	$r'=R\cot\dfrac{\beta_0}{3}$	$R=8$	$R=10$	$R=12$	$R=16$	$R=20$
				4.6	5.8	6.9	9.2	11.5
IV	圆环面接触	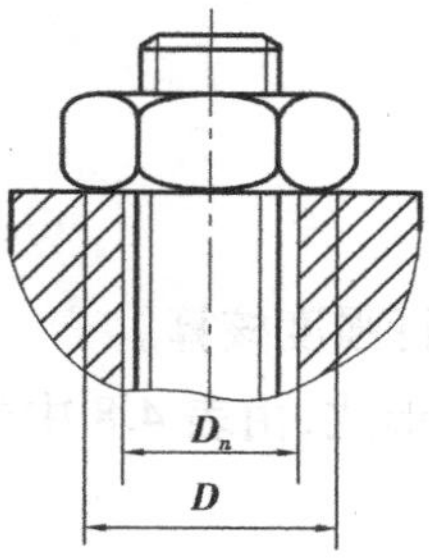	$r'=\dfrac{1}{3}\dfrac{D^3-D_0^3}{D^2-D_0^2}$	6.22	7.78	9.33	12.44	15.56

注:$\beta_1=120°$,$D\approx 2D_0$。

4)普通螺纹的选择

人手作用在不同结构类型的手柄上,能够发挥的力是不同的。对同一直径的螺纹,当采用不同类型、臂长的手柄时,它所产生的力矩、夹紧力也不同。如图 4.26 所示,公称直径为 10 mm 的螺钉,用左边第一个 $d'=20$ mm 的滚花把手能产生 150 N·mm 的扭矩;用右边 $d'=150$ N·mm 的手柄可产生 1 500 N·mm 的扭矩,后者是前者的 10 倍。因此,设计螺旋夹紧机

构时,为保证螺纹的强度和所需的夹紧力,应合理选择螺纹的直径和手柄。当夹紧方案确定后,可按以下方法和步骤设计:

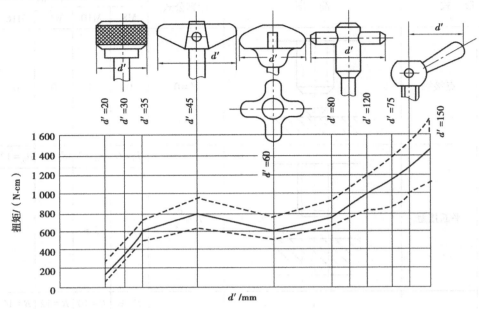

图 4.26　手柄类型与力矩的关系

①据定位夹紧方案算出所需夹紧力 F_{WK} 与夹紧机构的组合形式,求出螺旋所承受的轴向力 F'_W;再根据强度条件,算出外螺纹的公称直径,即

$$d \geqslant 2c \frac{F'_W}{\pi \sigma_b} \tag{4.7}$$

式中　d——外螺纹公称直径,mm;

　　　F'_W——外螺纹承受的轴向力,N;

　　　c——系数,普通螺纹,$c=1.4$;

　　　σ_b——抗拉强度,45 钢 $\sigma_b=600$ N/mm^2。

如果螺纹已选定,可用式(4.7)对所选直径进行强度核算。

②根据 d,F'_W 和螺旋端面与工件接触的结构形式,由表 4.8 中的夹紧力公式算出手柄上所需的力矩 $M=F_Q L$。

③按力矩 M 的大小,由图 4.26 选择手柄的类型和尺寸。图中中间的曲线为平均力矩,虚线表示变动范围。例如,需要产生 $M=600$ N·cm 的力矩,可选用 $d'=35$ mm 的滚花把手。

螺旋夹紧机构绝大部分用于手动夹紧,无须做精确计算。在实际设计中,应根据现场经验,由表 4.8、表 4.9 选取螺纹的结构尺寸。必要时,对夹紧力进行核算,算出的单个螺旋实际夹紧力应小于表中相应规格螺旋的夹紧力。

表 4.8 中,夹紧力数值建立在 $\varphi_2=5'34$,$f_1=0.1$ 等条件基础上,并考虑了螺纹所能承受的强度。

表 4.8　螺旋夹紧机构夹紧力的计算

类型	机构简图	夹紧力计算公式	螺栓直径 d/mm	手柄长 L/mm	作用力 F_Q/N	夹紧力 F_W/N
螺杆端面为球面		$F_W = \dfrac{2F_Q L}{d_2 \tan(\alpha + \varphi_2)}$	M8	100	15	2 600
			M10	120	25	4 200
			M12	140	35	5 700
			M16	190	65	10 600
			M20	240	100	16 500
			M24	310	130	23 000
螺杆端面为环形面		$F_W = F_Q L / \left[d_2/2 \tan(\alpha + \varphi_2) + \dfrac{1}{3}\dfrac{D^3 - d^3}{D^2 - d^2} \tan \varphi_2 \right]$	M8	100	15	1 700
			M10	120	25	3 000
			M12	140	35	4 000
			M16	190	65	7 200
			M20	240	100	11 400
			M24	310	130	1 600

注：d_2——螺纹中径，mm；α——螺纹升角，$\tan\alpha = \dfrac{P}{\pi d_2}$；$P$——螺距；$\varphi_2$——螺纹摩擦角；$\varphi_1$——螺杆（螺母）端面与工件间的摩擦角。

表 4.9　螺母夹紧力的计算

形　式	简　图	螺纹公称直径 d/mm	螺纹中径 d_2/mm	手柄长度 L/mm	手柄上的作用力 F_Q/N	产生的夹紧力 F_W/N
带柄螺母		8	7.188	50	50	2 060
		10	9.026	60	50	2 990
		12	10.863	80	80	3 540
		16	14.701	100	100	4 210
		20	18.376	140	100	4 700

　　简单螺旋夹紧机构的结构简单，易于制造，夹紧可靠，增力系数大，自锁性能好，且夹紧行程几乎不受限制。但为了保证自锁性能，夹紧螺杆的螺纹升角一般较小，因此，螺纹的螺距一

般较小,导致此种机构的夹紧动作慢,夹紧辅助时间长。故广泛应用于手动夹紧机构中,而在快速夹紧机构中很少采用。

(2)螺旋压板夹紧机构

采用压板作为夹紧元件的机构称为螺旋压板夹紧机构。此种夹紧机构结构简单,夹紧力和夹紧行程较大,可通过调节杠杆比来调整夹紧力和行程。因此,它在手动夹紧机构中应用较多。

如图 4.27 所示为较典型的螺旋压板夹紧机构。图 4.27(a)、(b)为两种移动压板式螺旋夹紧机构。图 4.27(a)为减力增大夹紧行程的场合,图 4.27(b)不增力但改变夹紧力的方向,图 4.27(c)为铰链压板式螺旋夹紧机构,主要用来增大夹紧力,但减小了夹紧行程。它们是利用杠杆原理来实现夹紧作用的,由于这 3 种夹紧机构的夹紧点、支点和原动力作用点之间的相对位置不同,因此杠杆比各异,夹紧力也不同。其中,图 4.27(c)增力倍数最大。

图 4.27(d)为钩头压板夹紧机构。其特点是结构紧凑,使用方便,很适应夹具上安装夹紧机构位置受到限制的场合。图 4.27(e)为万能自调压板夹紧机构。它能适应工件高度由 0~200 mm 变化,且无须调节,使用方便,节省辅助时间,故得到广泛应用。

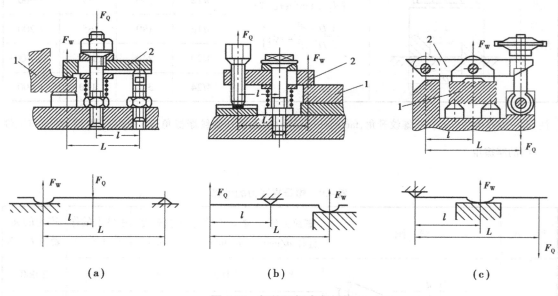

（a）　　　　　　　　　　（b）　　　　　　　　　　（c）

图 4.27　螺旋压板夹紧机构

1—工件;2—压板;3—T 形槽用螺母

(3)快速螺旋夹紧机构

为了减少辅助时间,可使用各种快速接近或快速撤离工件的螺旋夹紧机构,如图 4.28 所示。

图 4.28(a)是带有 GB/T 12871—1991 快卸垫圈的螺母夹紧机构,螺母最大外径小于工件孔径,松开螺母取下快卸垫圈 4,工件即可穿过螺母被取出。

图 4.28(b)为快卸螺母。螺孔内钻有光滑斜孔,其直径略大于螺纹公称直径。螺母旋出一段距离后,就可倾斜取下螺母。

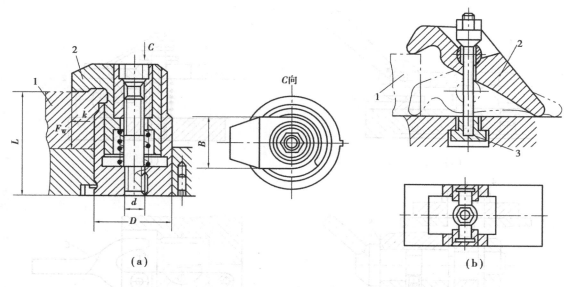

图 4.28 快速螺旋夹紧机构

1—螺杆;2—手柄;3—摆动压块;4—垫圈、快换垫圈;5—螺母;6—回转压板;7—螺钉

图 4.28（c）是 GB/T 2189—1991 回转压板夹紧机构,旋松螺钉 7 后,将回转压板 6 逆时针转过适当角度,工件便可从上面取出。

图 4.28（d）为快卸螺杆,螺杆 1 下端做成 T 形扁舌。使用时,螺杆穿过工件和夹具体底座上有长方形孔的板后,再转动 90°使扁舌钩住板的底面,然后旋动螺母 5,便可夹紧工件。卸下工件时,稍松螺母,转动螺杆使扁舌对准长方孔,就可把螺母 5、垫圈 4 连同螺杆一起抽出。

图 4.28（e）中,螺杆 1 上的直槽连着螺旋槽,当转动手柄 2 松开工件,并将直槽对准螺钉头时,便可迅速抽动螺杆 1,装卸工件。前 4 种结构的夹紧行程小,后一种的夹紧行程较大。

（4）适用范围

由于螺旋夹紧机构具有结构简单、制造容易、夹紧可靠、扩力比大以及夹紧行程不受限制等特点,因此,在手动夹紧装置中被广泛使用。

4.3.3 偏心夹紧机构

偏心夹紧机构是指由偏心件直接夹紧或与其他元件组合而实现夹紧工件的机构。偏心件有圆偏心和曲线偏心两种类型。曲线偏心件因制造困难而很少应用,应用最广的是圆偏心件（偏心轮和偏心轴）。

如图 4.29 所示为常见的各种偏心夹紧机构。图 4.29（a）、（b）、（c）为圆偏心轮、偏心轴和其他元件组合使用的夹紧机构。

图 4.29（d）为直接用偏心圆弧将铰链压板锁紧在夹具体上,通过摆动压块将工件夹紧。

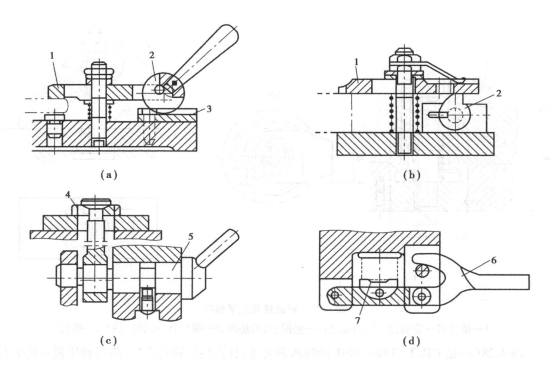

图 4.29　圆偏心夹紧机构

1—压板;2—偏心轴;3—偏心轮用垫板;4—快换垫圈;

5—偏心轴;6—偏心叉;7—弧形压块

圆偏心夹紧机构的优点是结构简单,动作迅速,但它的夹紧行程受到偏心距的限制,夹紧力也较小,故一般适用于工件被夹压表面的尺寸公差较小和切削过程中振动不大的场合。

(1)圆偏心夹紧的工作原理

如图 4.30(a)所示为圆偏心轮的结构简图及夹紧工作原理图。点 O 为偏心轮的旋转中心,点 C 为几何中心,即圆心。以 O 点为圆心,线段 Om 为半径的圆(虚线所示)称为圆偏心轮的基圆。圆偏心轮基圆以外的部分被直线 mn 分为两部分,每部分都好像一个斜楔。将此斜楔沿基圆展开,如图 4.30(b)所示。偏心轮的工作部分实质上是一个升角为变值的斜楔。其升角在 m、n 两点处为零,当圆偏心轮绕着旋转中心 O 点顺时针转动时,相当于将弧形楔向前楔紧在基圆与工件之间,从而将工件夹紧;反之,则可松开工件。由此可见,圆偏心夹紧的工作原理与斜楔工作原理相同。

(2)圆偏心轮的结构特点

圆偏心轮实际上是斜楔的一种变形。它与平斜楔和螺旋相比,主要特点是其工作表面上各夹紧点的升角不是一个常数,它随转角 ψ 的改变而发生很大的变化。

圆偏心轮任意夹紧点的升角是指由工件的受压表面与旋转半径的法线所形成的夹角。由几何关系可知,它是由转轴中心 O 点和偏心几何中心 C 点,分别和夹紧点的连线所形成的夹角。由图 4.30(b)可知,曲线 mpn 上任意点的切线和水平线的夹角即为该点的升角。设 α_x 为任一点 x 的升角,其值可由任意三角形 $\triangle OxC$ 中(图 4.30(a))求得,即

$$\frac{\sin \alpha_x}{e} = \frac{\sin (180° - \phi_x)}{\dfrac{D}{2}}$$

故任意点升角为

$$\alpha_x = \text{arc } \sin\left(\frac{2e}{D} \sin \psi_x\right) \tag{4.8}$$

式中,转角 ψ_x 的变动范围为 $0°\sim100°$。由式(4.8)可知,当 $\psi_x = 0°$ 时,m 点的升角最小,即 $\alpha_m = 0$。随着转角 ψ_x 的增大,升角 α_x 也增大。当 $\psi_x = 90°$,升角为最大值,即 T 点的升角 α_T 为最大值,$\alpha_T = \alpha_{\max} = \sin-12eD$;当 ψ_x 角大于 $90°$ 时,α_x 将随转角 ψ_x 的增大而减小;当 $\psi_x = 180°$ 时,n 点处的升角又为最小值,即 $\alpha_n = 0°$。

圆偏心轮的这一特点很重要,它与工作段的选择、自锁条件、夹紧力计算以及主要结构尺寸的确定等关系极大。

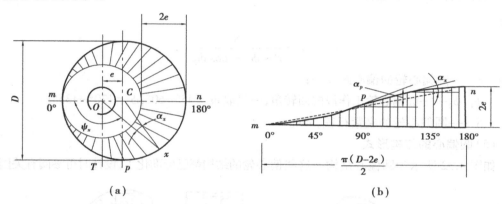

图 4.30　圆偏心轮的结构特点

(3)圆偏心的自锁条件

圆偏心夹紧必须自锁,这是设计圆偏心件时必须解决的主要问题之一。要保证偏心轮夹紧时的自锁性能,与前述斜楔夹紧机构相同,应满足下列条件:

$$\alpha_{\max} \leqslant \phi_1 + \phi_2 \tag{4.9}$$

式中　$\alpha_{\max}$——圆偏心轮工作段的最大升角;

　　　ϕ_1——圆偏心轮与工件间的摩擦角;

　　　ϕ_2——圆偏心轮与转轴处的摩擦角。

如前所述,圆偏心轮在 P 点的升角较大,自锁性最差,若该点能自锁,则其他任何接触点都能保证自锁。为了安全起见,忽略对自锁有利的摩擦角 ϕ_1,则

$$\alpha_{\max} \leqslant \phi_2 \qquad \tan \alpha_{\max} \leqslant \tan \phi_2$$

令 $f_2 = \tan \phi_2$,即偏心轮的自锁条件为

$$\frac{2e}{D} \leqslant f_2 \tag{4.10}$$

当 $f_2 = 0.1 \sim 0.15$ 时

$$D/e \geqslant 14 \sim 20$$

D/e 之值称为偏心率或偏心参数。D/e 值大的自锁性能好,但轮廓尺寸大。当偏心轮的外径相同时,偏心率为 14 的有较大的偏心距,因而相同转角的夹紧行程较大。偏心率为 20 的更能确保自锁,故选择偏心率时,应视具体情况而定。

（4）偏心距的确定

圆偏心轮的工作段选择如图 4.31 所示。若选偏心圆 1,2 段的圆弧为工作段,则夹紧行程

$$S = \left(\frac{D}{2} - e\cos\phi_2\right) - \left(\frac{D}{2} - e\cos\phi_1\right)$$
$$= e(\cos\phi_1 - \cos\phi_2)$$

故得

$$e = \frac{S}{\cos\phi_1 - \cos\phi_2}$$

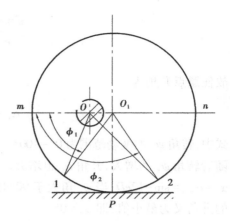

图 4.31 圆偏心轮的工作段选择

式中　　e——圆偏心轮的偏心距,mm;

ϕ_1,ϕ_2——圆偏心轮工作段的回转角,一般取 $\phi_1 = 45° \sim 60°$,$\phi_2 = 120° \sim 135°$;

S——圆偏心轮的夹紧行程,mm。

（5）圆偏心的结构形式

如图 4.32 所示为圆偏心结构。这些偏心轮的结构都已标准化了,设计时可参阅有关国标。

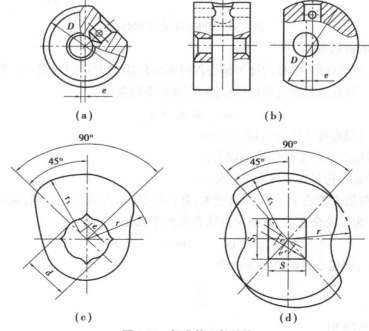

（a）　　　　　　　　　　（b）

（c）　　　　　　　　　　（d）

图 4.32 标准偏心轮结构

(6)适用范围

①由于圆偏心的夹紧力小,自锁性能又不是很好,故只适用于切削负荷不大、又无很大振动的场合。

②为满足自锁条件,其夹紧行程也相应受到限制,一般用于夹紧行程较小的情况。

③一般很少直接用于夹紧工作,大多是与其他夹紧机构联合使用。

4.3.4　铰链夹紧机构

采用以铰链相联接的连杆作为中间传力元件的夹紧机构,称为铰链夹紧机构。这是一种扩力比很大的夹紧机构,但一般没有自锁性,而且摩擦损失较小,故此种夹紧机构广泛应用于气动夹具中,以弥补气缸或气室力量的不足。有时,它也用于手动的复合夹紧机构中,但此时与它组合的元件必须有能实现自锁的环节。

(1)铰链夹紧机构的类型

根据夹紧机构中所采用的连杆数量,可将其分为单臂夹紧机构、双臂夹紧机构和多臂夹紧机构等。如图 4.33 所示为 3 种常用结构形式。图 4.33(a)为单臂铰链夹紧机构,臂的两端是铰链联接,一端带滚子;图 4.33(b)为双臂单作用的铰链施力机构,此种机构需用转动气缸;图 4.33(c)为双臂双作用的铰链施力机构,这种机构可同时夹紧一个工件上的多点或同时夹紧两个工件。

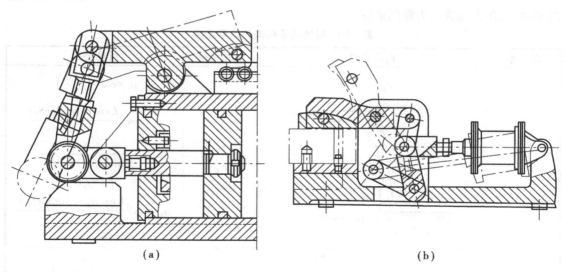

（a）　　　　　　　　　　　　　　（b）

图 4.33　使用铰链夹紧机构的气动夹具

(2)铰链施力机构的设计计算

①根据夹紧机构设计要求初步确定结构尺寸。

②确定所需的夹紧行程、气缸行程量及其相应的倾斜角。

铰链夹紧机构的主要参数如下(见图 4.34):

α_0——铰链臂的起始行程倾斜角。

S_0——受力点的行程,即气缸的行程 X_0。

α_j——铰链臂夹紧时的起始倾斜角。

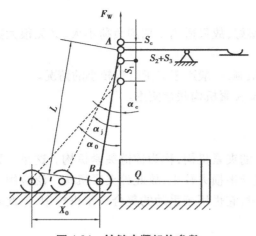

图 4.34 铰链夹紧机构参数

i_p——铰链机构的增力比。

S_c——夹紧端 A 的储备行程。

S_1——装卸工件的空行程。

S_2+S_3——夹紧行程。

α_c——铰链臂的夹紧储备角。

如图 4.34 所示,当机构处于夹紧状态时,铰链臂末端离其极限位置应保持一个最小储备量 S_c,否则机构可能失效。一般认为 $S_c \geq 0.5$ mm 比较合适,但又不宜过大,以免过分影响扩力比;也可直接取夹紧储备角 $\alpha_c = 5° \sim 10°$,表 4.10 列出了几种典型铰链夹紧机构的计算公式,由表中的公式算出。

夹紧终点的行程包括两部分:一部分为便于装卸工件的空行程 S_1;另一部分为夹紧行程 S_2+S_3。其中,S_2 用来补偿系统的受力变形,一般取 $S_3 = 0.05 \sim 0.15$ mm。根据 S_2+S_3,可由表4.10 中的公式算出铰链臂夹紧时的起始倾斜角 α_j,再根据 S_1 和 α_j 算出铰链臂的起始行程倾斜角。

③计算机构所需的原始作用力 Q。

先按表 4.10 的相应公式计算出扩力比,然后根据所需的夹紧力除以扩力比即可算出所需的原动力,作为选择动力源的依据。

表 4.10 铰链夹紧机构的计算公式

类　型	机构简图	计算项目	计算公式
Ⅰ		α_c α_j i_F F_W α_0 X_0	$\alpha_c = \cos^{-1}\left(\dfrac{L-S_c}{L}\right)$ $\alpha_j = \cos^{-1}\dfrac{L\cos\alpha_c = (S_2+S_3)}{L}$ $i_F = \dfrac{1}{\tan(\alpha_j+\varphi') + \tan\phi'_1}$ $F_W = i_p Q$ $\alpha_0 = \cos^{-1}\dfrac{L\cos\alpha_0 - (S_1+S_2+S_3)}{L}$ $X_0 = L(\sin\alpha_0 - \sin\alpha_c)$
Ⅱ		α_c α_j i_F F_W α_0 X_0	$\alpha_c = \cos^{-1}\left(\dfrac{2L-S_c}{2L}\right)$ $\alpha_j = \cos^{-1}\dfrac{2L\cos\alpha_c = (S_2+S_3)}{2L}$ $i_F = \dfrac{1}{2\tan(\alpha_j+\varphi')}$ $F_W = i_p Q$ $\alpha_0 = \cos^{-1}\dfrac{2L\cos\alpha_0 - (S_1+S_2+S_3)}{2L}$ $X_0 = L(\sin\alpha_0 - \sin\alpha_c)$

续表

类　型	机构简图	计算项目	计算公式
Ⅲ		α_c α_j i_F F_W α_0 X_0	$\alpha_c = \cos^{-1}\left(\dfrac{2L - S_c}{2L}\right)$ $\alpha_j = \cos^{-1}\dfrac{2L\cos\alpha - (S_2 + S_3)}{2L}$ $i_F = \dfrac{1}{2}\left[\dfrac{1}{\tan(\alpha_j + \varphi')} - \tan\varphi_2'\right]$ $F_W = i_p Q$ $\alpha_0 = \cos^{-1}\dfrac{2L\cos\alpha_0 - (S_1 + S_2 + S_3)}{2L}$ $X_0 = L(\sin\alpha_0 - \sin\alpha_c)$

注：

F_W——铰链夹紧机构的夹紧力；

Q——拉杆作用在铰链轴上的拉力，近似于原作用力；

α_j——夹紧时连杆的倾斜角；

α_c——铰链臂的夹紧储备角；

φ'——连杆两端铰链的当量摩擦角；

φ_1'——滚子的滚动当量摩擦角；

φ_2'——滑柱和导向孔的当量摩擦角；

S——铰链夹紧机构的夹紧行程；

S_c——最小行程储备量，一般取 $S_c \geqslant 0.5$ mm；

S_1——空行程，即满足装卸工件所需的夹紧行程；

S_2——补偿工件在夹紧方向上的尺寸偏差所需要的夹紧行程，其值为工件的夹紧尺寸公差；

S_3——用于补偿夹紧变形所需的夹紧行程，其值取决于夹紧系统的刚性。

4.3.5　联动夹紧机构

利用一个原始作用力实现单件、多件的多点或多向同时夹紧的机构，称为联动夹紧机构。由于该机构能有效提高生产率，因而在自动线和各种高效夹具中间得到广泛的采用。

联动夹紧机构的特点如下：

①易于保证工件的定位，不会因多点夹紧而产生位移和偏转，使工件的既定位置不受破坏。

②采用联动夹紧机构可减少工件的装卸时间，有利于提高劳动生产率。

③对手动夹具来说，采用联动夹紧机构可简化操作，从而减轻工人的劳动强度。

④对于机动夹紧机构来说，采用联动可减少动力装置，降低夹具的设计和制造成本，因而在自动线和各种高效夹具中得到了广泛的采用。但联动夹紧机构的动作原理、力学原理及结

构等都很复杂,且设计难度较大。

根据夹具的结构和工作原理,可将联动夹紧机构分为 3 种,即多点多向联动夹紧机构、多件联动夹紧机构和其他联动夹紧机构。下面就各种联动夹紧机构分别加以论述。

(1)多点多向联动夹紧机构

多点、多向联动夹紧是用一个原始作用力,通过一定的机构分散到数个点上对工件进行夹紧。最简单的多点、多向夹紧是采用浮动压头的夹紧。如图 4.35 所示为几种常见的浮动压头。图 4.35(a)为通过摆动压块 1 实现斜交力两点联动夹紧的浮动压头。图 4.35(b)是通过浮动柱的水平滑动协调浮动压头实现对工件的夹紧。图 4.35(c)为四点双向浮动夹紧机构,夹紧力分别作用在两个相互垂直的方向上,每个方向上各有两个夹紧点,两个方向上的夹紧力便通过杠杆 L_1,L_2 的长度来调整。

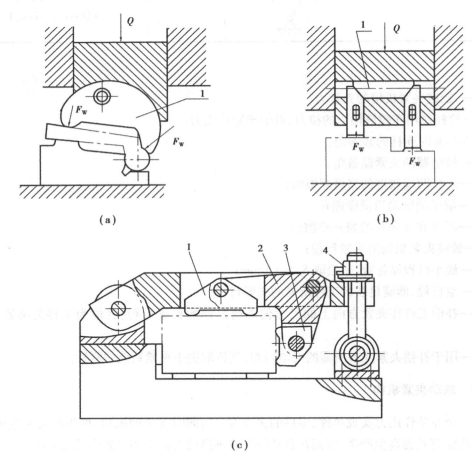

图 4.35 浮动压头及四点双向浮动夹紧机构

1—摆动压块;2—摇臂;4—螺母;5—浮动柱

如图 4.36 所示为使用多点浮动夹紧机构的轴用虎钳。螺杆为一浮动元件,轴向不定位可以窜动,只能对工件进行多点夹紧,不能定位。故工件还需要靠 V 形块定位。

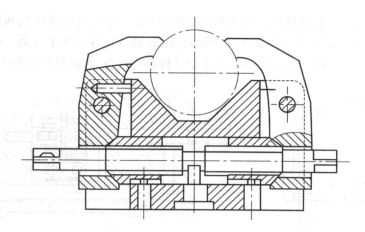

图 4.36　多点浮动夹紧机构的特点

（2）多件联动夹紧机构

用一个原始力，通过一定的机构对数个相同或不同的工件进行夹紧称为多件夹紧。多件夹紧机构多用于夹紧小型工件，在铣床夹具中用得最广。根据夹紧力的方向和作用情况，一般有下列 4 种形式：

1）平行夹紧

如图 4.37 所示，各个夹紧力互相平行，从理论上说，分配到各工件上的夹紧力相等。图 4.37（a）为利用平行压块进行夹紧。每两个工件一般就需要用一浮动压块，工件多于两个时，浮动压块之间还需要用浮动件联接。如图 4.37 所示，夹紧 4 个工件就需要用 3 个浮动件。图 4.37（b）则是用流体介质（如液性塑料）代替浮动元件实现多件夹紧。

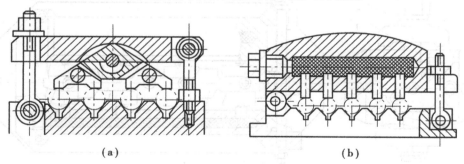

（a）　　　　　　　　　　　　　　（b）

图 4.37　平行夹紧机构

2）多件夹紧

多件夹紧之所以必须采用浮动环节，是由于被夹紧的工件尺寸有误差。如果采用刚性压板，则各工件所受的夹紧力就有可能不一致，甚至有些工件夹不住，如图 4.38 所示。

3）对向夹紧和复合夹紧

对向夹紧是通过浮动夹紧机构产生两个方向相反、大小相等但比原始作用力大的夹紧力，并同

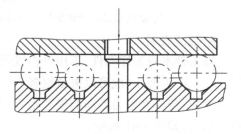

图 4.38　采用刚性压板进行多件夹紧

103

时将各工件夹紧,如图 4.39 所示。图 4.39(a)中转动偏心轮 4,通过滑柱 3,两侧的压板 1 即产生大小相等方向相反的夹紧力夹紧工件,偏心轮的转轴可在导轨 5 上浮动。图 4.39(b)利用螺杆 6、顶杆 7 和连杆 8 作为浮动元件,对 4 个工件进行夹紧,浮动件总数为 3 个。

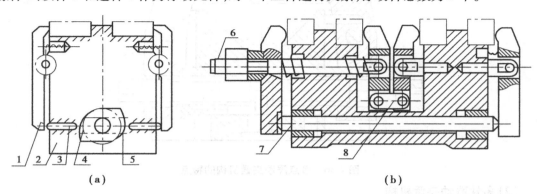

（a）   （b）

图 4.39 对向夹紧
1—压板;2—夹具体;3—滑柱;4—偏心轮;5—导轨;6—螺杆;7—顶杆;8—连杆

复合夹紧多为平行和对向夹紧机构的综合应用,图 4.40 为复合夹紧的示例。

图 4.40(a)为利用两块浮动压板 1 和浮动螺杆 2 夹紧 4 个工件,浮动件总数为 3 个。图 4.40(b)采用液性塑料作为传递压力的介质,旋紧螺母 4,经压板 5、柱塞 6 及液性塑料,将工件均匀夹紧。由于夹紧元件对向作用,使作用在工件定位元件上的力互相抵消,不会引起定位元件的位移。

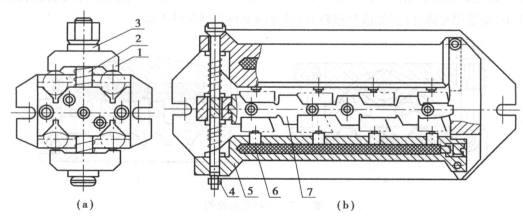

（a）   （b）

图 4.40 复合夹紧
1—浮动压板;2—浮动螺杆;3—球面垫圈;4—螺母;5—压板;6—柱塞;7—定位元件

4)连续夹紧

以工件本身为浮动件,不用另设置元件就可实现连续多件夹紧。夹紧力依次由一个工件传至下一个工件,一次可以夹紧很多工件。这种夹紧方法的缺点是工件定位基准的位置误差逐个累积,造成夹紧力方向的误差很大,故连续式夹紧适用于工件的加工面与夹紧力方向平行的场合,如图 4.41 所示。

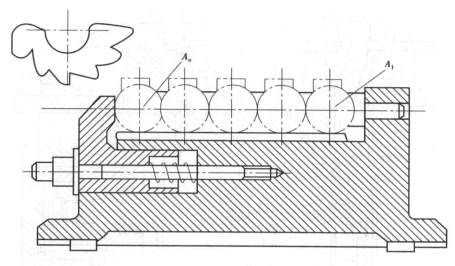

图 4.41　依次连续夹紧

连续夹紧机构,由于摩擦的影响,各工件所受到的夹紧力并不相等,距原始作用力越远,夹紧力越小,故同时夹紧的工件数应有所限制。

(3)夹紧与其他动作联动

如图 4.42 所示为夹紧与移动压板联动机构。工件定位后,逆时针扳动手柄,由拔销 1 拔动压板 2 上的螺钉 3 使压板进到夹紧位置。继续扳动手柄,拔销与螺钉 3 脱开,偏心轮 5 顶起螺钉 4 与压板 2 夹紧工件。松开时,由拔销 1 拔动螺钉 4,将压板退出。

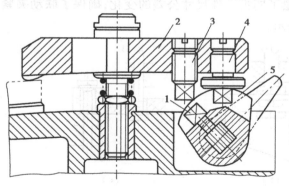

图 4.42　夹紧与移动压板联动机构

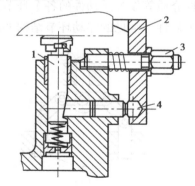

图 4.43　夹紧与锁紧辅助支承联动机构
1—辅助支承;2—压板;3—螺母;4—锁销

如图 4.43 所示为夹紧与锁紧辅助支承联动机构。工件定位后,辅助支承 1 在弹簧的作用下与工件接触,转动螺母 3 推动压板 2,压板 2 在压紧工件的同时,通过锁销 4 将辅助支承 1 锁紧。

如图 4.44 所示为先定位后夹紧联动机构。当压力油进入油缸 8 的左腔时,活塞杆 9 向右移动过程中,后端的螺钉 10 离开拔杆 1 的短头,推杆 3 在弹簧 2 的作用下向上抬起,并以其斜面推动活块 4 使工件靠在 V 形定位块 7 上。然后活塞杆 9 继续向右移动,利用其上斜面通过滚子 11、推杆 12 顶起压板 5 压紧工件。当活塞杆向左移动时,压板 5 在弹簧 6 的作用下松开工作,然后螺钉 10 推转拔杆 1 压下推杆 3,在斜面作用下带动活块 4 松开工件,此时即可取下工件。

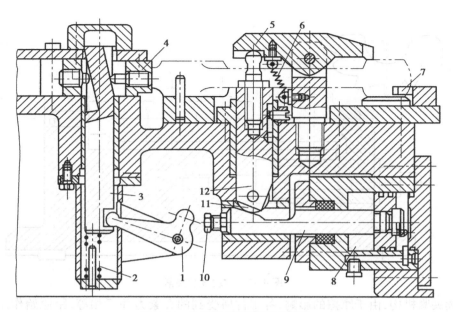

图 4.44 先定位后夹紧联动机构

1—拨杆;2,6—弹簧;3,12—推杆;4—活块;5—压板;7—定位块;8—油缸;9—活塞杆;10—螺钉;11—滚子

(4)联动夹紧机构设计要点

①联动夹紧机构在两个夹紧点之间必须设置必要的浮动环节,并具有足够的浮动量,动作灵活,符合机械传动原理。如前述联动夹紧机构中,采用滑柱、球面垫圈、摇臂、摆动压块和液性介质等作为浮动件的各个环节,它们补偿了同批工件尺寸公差的变化,确保了联动夹紧的可靠性。常见的浮动环节结构如图 4.45 所示。

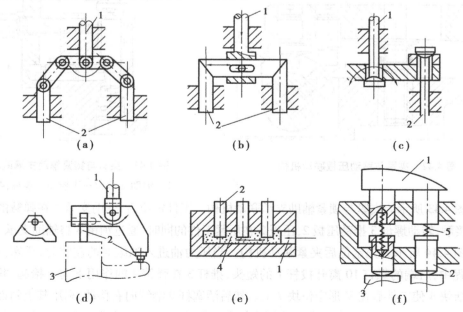

图 4.45 浮动环节的结构类型

1—动力输入;2—输出端;3—工件;4—液性介质;5—弹簧

②适当限制被夹工件的数量。在平行式多件联动夹紧中,如果工件数量过多,在一定原始力作用条件下,作用在各工件上的力就小,或者为了保证工件有足够的夹紧力,需无限增大原始作用力,从而给夹具的强度、刚度及结构等带来一系列问题。对连续式多件联动夹紧,由于摩擦等因素的影响,各工件上所受的夹紧力不等,距原始作用力越远,则夹紧力越小,故要合理确定同时被夹紧的工件数量。

③联动夹紧机构的中间传力杠杆应当力求增力,以免使驱动力过大,并要避免采用过多的杠杆,力求结构简单紧凑,提高工作效率,保证机构可靠地工作。

④设置必要的复位环节,保证复位准确,松夹装卸方便。如图 4.46 所示,在两拉杆 4 上装有固定套环 5,松夹时,联动杠杆 6 上移,就可借助固定套环 5 强制拉杆 4 向上,使压板 3 脱离工件,以便装卸。

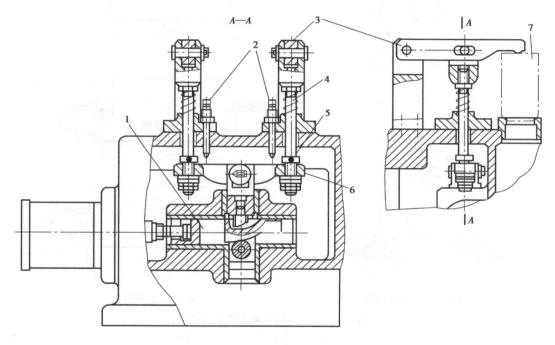

图 4.46　强行松夹的结构

1—斜楔滑柱机构;2—限位螺钉;3—压板;
4—拉杆;5—固定套环;6—联动杠杆;7—工件

⑤要保证联动夹紧机构的系统刚度。一般情况下,联动夹紧机构所需总夹紧力较大,故在结构形式及尺寸设计时必须予以重视,特别要注意一些递给元件的刚度。如图 4.46 所示,联动杠杆 6 的中间部位受较大弯矩,其截面尺寸应设计大些,以防止夹紧后发生变形或损坏。

⑥正确处理夹紧力方向和工件加工面之间的关系,避免工件在定位、夹紧时的逐个积累误差对加工精度产生影响。在连续式多件夹紧中,工件在夹紧力方向必须设有限制自由度的要求。

4.3.6　定心夹紧机构

在机械加工中,很多加工表面是以其中心要素(轴线、中心平面等)作为工序基准的,因而也都用它们为定位基准。这时,若采用定心对中夹紧机构装夹加工,可使定位误差为零,如图4.47—图4.54所示。

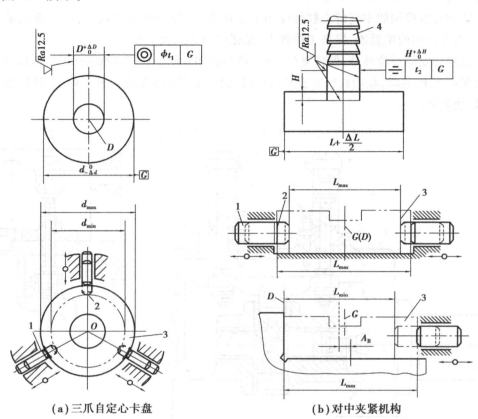

(a)三爪自定心卡盘　　　　　　　(b)对中夹紧机构

图 4.47　定心、对中夹紧的工作原理

1—卡爪;2—工作面;3—工件;4—刀具

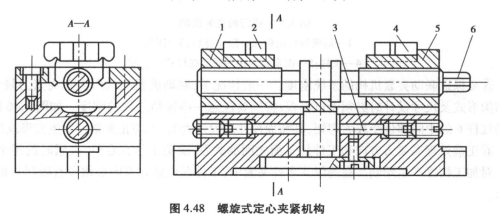

图 4.48　螺旋式定心夹紧机构

1,5—螺母滑座;2,4—V 形块钳口;3—调节螺钉;6—螺杆

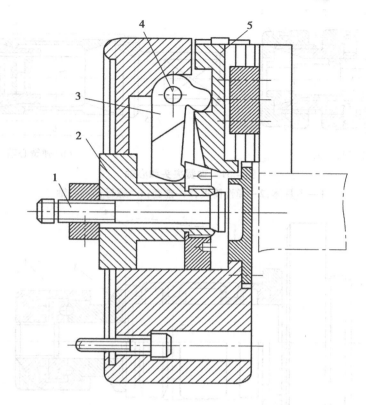

图 4.49 车床用气压定心卡盘
1—拉杆;2—滑套;3—钩形杠杆;4—轴销;5—夹爪

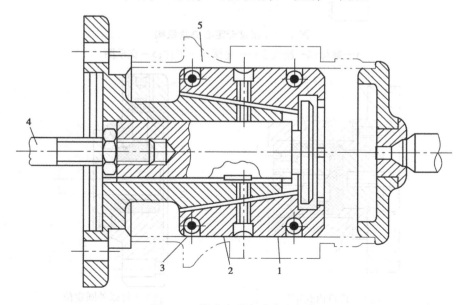

图 4.50 楔式夹爪自动定心机构
1—夹爪;2—本体;3—弹簧卡圈;4—拉杆;5—工件

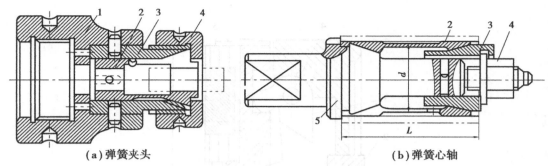

(a)弹簧夹头　　　　　　　　　　(b)弹簧心轴

图 4.51　弹簧夹头和心轴

1—夹具体;2—弹性筒夹;3—锥套;4—螺母;5—心轴

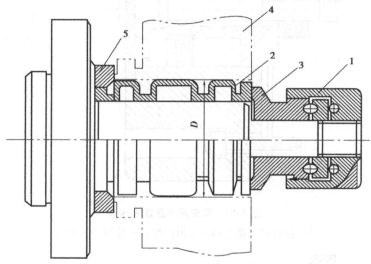

图 4.52　波纹套定心夹紧机构

1—螺母;2—波纹套;3—垫圈;4—工件;5—支承圈

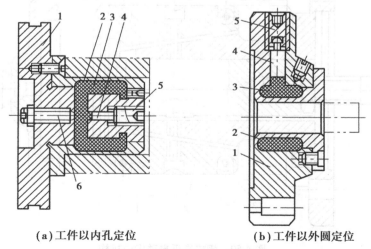

(a)工件以内孔定位　　　　　　　(b)工件以外圆定位

图 4.53　液性塑料定心夹紧机构

1—夹具体;2—薄壁套筒;3—液性塑料;4—柱塞;5—螺钉;6—限位螺钉

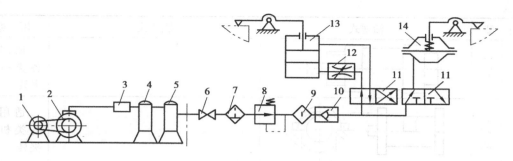

图 4.54　气动夹紧系统示意图

1—电动机;2—空压机;3—冷却器;4—储气罐;5—过滤器;6—开关;7—分水滤气器;8—调压阀;
9—油雾器;10—单向阀;11—换向阀;12—节流阀;13—活塞式气缸;14—薄膜式气缸

表 4.11 为常用气缸种类及用途。

表 4.11　常用气缸种类及用途

类　型		活塞式	膜片式	用　途
固定式	基体式			用于中、小型夹具,在夹具体上直接制出气缸孔
	落地式			
	法兰式			适用于各类机床夹具

111

续表

类 型		活塞式	膜片式	用 途
固定式	螺纹式			适用于各类机床夹具
	耳座式			适用于各类机床夹具
摆动式	绕尾部摆动			适用于各类机床夹具
	绕耳轴摆动			
回转式	装于机床尾部			多用于车、磨或其他回转夹具 图中: 1—床头; 2—卡爪; 3—气缸
	装于机床头部			

如图 4.55—图 4.60 所示分别为液压泵站、液压缸、增压缸及电磁吸盘等结构和原理图。

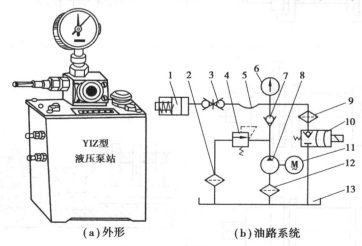

(a)外形   (b)油路系统

图 4.55　YJZ 型液压泵站

1—微型液压缸;2,9,12—滤油器;3—快换接头;4—溢流阀;5—高压软管;
6—电接点压力表;7—单向阀;8—柱塞泵;10—电磁卸荷阀;11—电动机;13—油箱

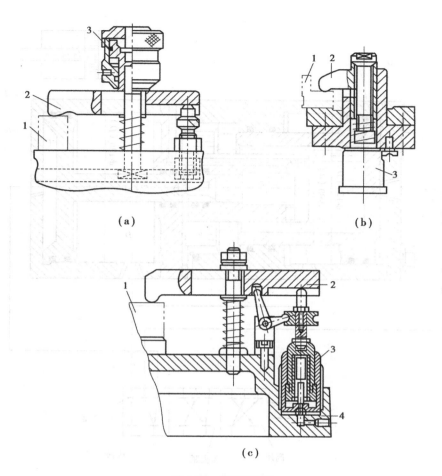

（a）　（b）

（c）

图 4.56　微型液压缸
1—工件；2—压板；3—微型液压缸；4—夹具体

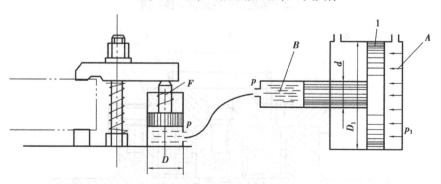

图 4.57　气液增压原理图
1—活塞

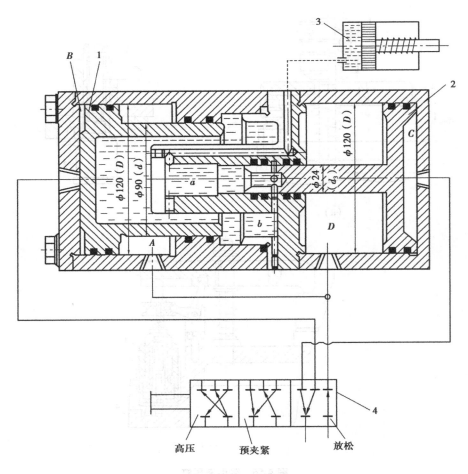

图 4.58　双级气液增压器

1,2—活塞;3—油缸;4—换向阀

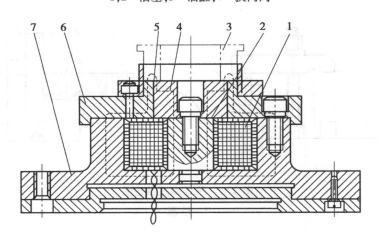

图 4.59　车床用电磁吸盘

1—线圈;2—铁芯;3—工件;4,6—导磁体定位件;5—隔磁体;7—夹具体

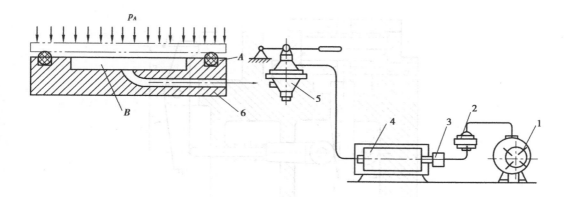

图 4.60　真空传动装置系统图

1—真空泵;2—空气过滤器;3—单向阀;4—真空罐;5—控制阀;6—吸台

习题与训练

1.对夹紧装置的基本要求有哪些？

2.试分析图 4.61 中夹紧力的作用点与方向是否合理。为什么？应如何改进？

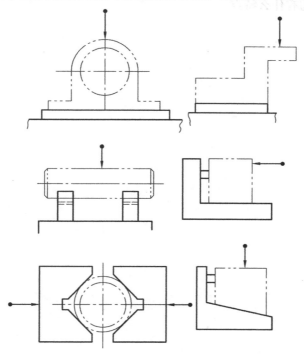

图 4.61　夹紧方式

3.如图 4.62 所示的夹具,已知切削力 $F=4\,400$ N(垂直夹紧力方向),其结构如图示,已知 $d/D=0.2,l=h,L1=L$。试估算所需的夹紧力及气缸产生的推力多少？

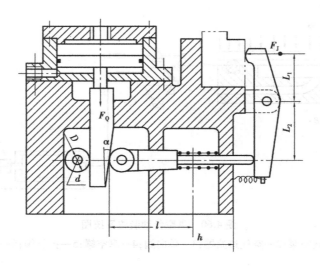

图 4.62

4.分析 3 种基本夹紧机构的优缺点(要求用表格方式回答)。

5.何谓定心夹紧机构?它有什么特点?

6.气压动力装置与液压动力装置比较,有什么优缺点?

7.何谓联动夹紧机构?设计联动夹紧机构时应注意哪些问题?

8.铰链夹紧机构有什么特点?

第 **5** 章
分度机构与夹具体

如图 5.1(a)所示零件,要在圆周径向钻 4 个孔,需对工件在径向方向上等分分度。使用如图 5.1(b)所示的钻床夹具钻模对零件进行装夹,工件以端面及内孔作为定位基面,放在兼作螺杆的短圆柱销上,用螺母 8 和快换垫圈 9 夹紧工件。钻好一个孔后,用手柄 3 松开锁紧机构,通过把手 5 拔出对定销 6,转动分度盘 13 到下一个位置,再插入对定销定位,用手柄 3 锁紧,进行下一个孔的钻削,从而保证各孔之间的角度。本学习单元研究夹具的分度机构和夹具体。

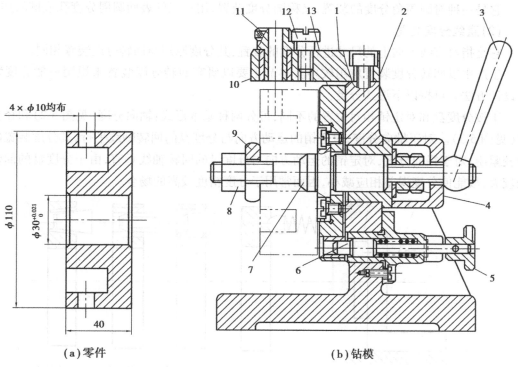

（a）零件　　　　　　　　　　　　　（b）钻模

图 5.1　回转式钻模

1—钻模板;2—夹具体;3—手柄;4,8—螺母;5—把手;6—对定销;

7—圆柱销;9—快换垫圈;10—衬套;11—钻套;12—螺钉;13—分度盘

5.1 分度装置

在机械加工中,经常会有工件的多工位加工,如刻度尺的刻线,叶片液压泵转子叶片槽的铣削,齿轮和齿条的加工,多线螺纹的车削,以及其他等孔或等分槽的加工等。这类工件一次装夹后,需要在加工过程中进行分度,即在完成一个表面的加工以后,依次使工件随同夹具的可动部分转过一定角度或移动一定距离,对下一个表面进行加工,直至完成全部加工内容,具有这种功能的装置称为分度装置。如图 5.1 所示为卧轴式径向分度钻模,用于钻削套筒圆周上均匀分布的径向孔系。

采用具有分度装置的夹具,可使工件加工工序集中,易于保证加工面间的位置尺寸及精度,减少工件安装次数,从而减轻工人的劳动强度和提高生产效率。因此,分度装置能使工件加工的工序集中,故广泛地用于车削、钻削和铣削等加工。

5.1.1 分度装置的类型

常见的分度装置有以下两大类:

(1)回转分度装置

它是一种对圆周角分度的装置,又称圆分度装置,用于工件表面圆周分度孔或槽的加工。

(2)直线分度装置

它是指对直线方向上的尺寸进行分度的装置,其分度原理与回转分度装置相同。

生产中以回转分度装置应用较多。本节主要以研究回转分度装置来说明一般分度装置的设计方法。可按以下形式分类:

①按分度盘和对定销相对位置的不同,可分两种基本形式:轴向分度(见图 5.2)和径向分度(见图 5.3)。对于轴向分度,对定销的运动方向与分度盘的回转轴线平行,其分度装置的结构较紧凑;对于径向分度,对定销的运动方向与分度盘的回转轴线垂直,由于分度盘的回转直径较大,故能使分度误差相应减小,因而常用于分度精度较高的场合。

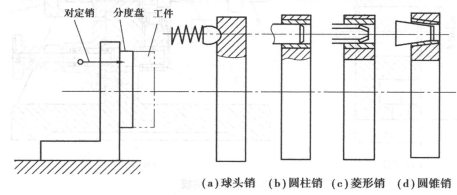

(a)球头销　(b)圆柱销　(c)菱形销　(d)圆锥销

图 5.2　轴向分度装置的基本形式

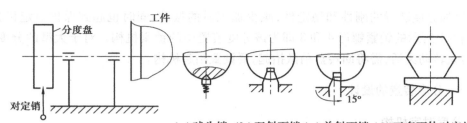

(a) 球头销　(b) 双斜面销 (c) 单斜面销 (d) 正多面体对定机构

图 5.3　径向分度装置的基本形式

②按分度盘回转轴线分布位置的不同,可分为立轴式、卧轴式和斜轴式 3 种。一般可按机床类型以及工件被加工面的位置等具体条件设计。

③按分度装置工作原理的不同,可分为机械分度和光学分度等类型。机械分度装置的结构简单,工作可靠,应用广泛。光学分度装置的分度精度较高,如光栅分度装置的分度精度可达±10″,但由于对工作环境的要求较高,故在机械加工中的应用受到限制。

④按分度装置的应用特性,可分为通用和专用两大类。在单件生产中。使用通用分度装置,有利于缩短生产的准备周期,降低生产成本;在中小批生产中,常将通用分度装置与专用夹具联合使用,从而简化专用夹具的设计和制造。通用分度装置的分度精度较低,如 FW80 型万能分度头,分度精度为 1′,故只能满足一般需要。在成批生产中,则广泛使用专用分度装置,以获得较高的分度精度和生产效率。

5.1.2　分度装置的结构分析

分度装置主要由以下 4 个部分组成:

(1)固定部分

固定部分是分度装置的基体,当夹具在机床上安装调整好之后,它是固定不动的。通常以夹具体为分度装置的固定部分。如图 5.1 所示的夹具体 2 即为该分度装置的固定部分。为了保证分度装置的精度和使用寿命,要求其固定部分刚性好、尺寸稳定和耐磨损。其材料一般为灰铸铁,并在机械加工前进行时效处理。

(2)转动部分

转动部分是分度装置中的运动件,它应保证工件在定位和夹紧状态下进行转位(或移动)。例如,如图 5.1 所示的圆柱销 7。当转动部分与固定部分之间为滑动摩擦时,转动部分的材料一般采用 45 钢,以保证其耐磨性。当生产批量较大时,轴孔一般须增设衬套,其材料为 45 钢或 T7A,转轴材料一般可取 45 钢、40Cr 钢并经渗碳淬火。此外,转动(或移动)部分各摩擦副之间应保持良好的润滑。

(3)分度对定机构及控制机构

分度对定机构由分度盘和对定销组成。对定机构的作用是:保证其分度装置的转动(或移动)部分转位后,使其相对于固定部分获得正确的分度位置,并进行定位和完成插销及拔销的动作。例如,如图 5.1 所示的分度盘 13、对定销 6。

(4)抬起锁紧机构

锁紧机构的作用是:当分度完成后,将其装置的转动(或移动)部分与固定部分之间进行锁紧,以增加分度装置的刚性和稳定性,减少加工时的振动,同时也起到保护对定机构的作用。如图 5.1 所示的锁紧螺母 4 和 8 即为该分度装置中的锁紧机构。对于大型的分度装置,为了使转盘转动灵活,需将回转盘稍微抬起,要设置抬起机构。

5.1.3 分度装置的设计

(1)分度对定机构

分度对定机构主要由分度盘和对定销构成。大多数的情况下,分度盘与分度装置中的转动部分相联接,或直接用转轴作为分度盘。而对定销则与固定部分相联接。

分度对定机构的基本结构形式很多,常见的有以下 6 种:

1)钢球(或球头销)对定机构

如图 5.2(a)、图 5.3(a)所示,这种对定机构,既可用于轴向分度,也可用于径向分度。它是靠弹簧将钢球或球头销压入分度盘锥坑内实现对定。该种结构形式的结构简单、操作方便,但分度精度不高,且由于锥坑较浅(其深度小于钢球或球头销半径),对定不是很可靠。故常用于切削力不大,分度精度要求不高的场合,或作为预定位机构。具体结构如图 5.4(a)所示。

2)圆柱销(或削边销)对定机构

如图 5.2(b)、图 5.4(c)所示,这种对定机构常用于轴向分度。为了提高其使用寿命,分度盘上的对定孔中一般压入耐磨衬套,而对定销与分度套间采用 H7/g6 配合。这种结构的主要优点是结构简单,制造工艺性好,操作方便,使用时不易受灰尘和污物的影响。缺点是无法补偿孔销之间的配合间隙,磨损之后,其分度精度有所降低。另外,当采用圆柱销对定机构时,其销与分度套孔之间配合间隙的大小,将受到分度盘回转轴线与对定销和对定孔之间中心距制造误差的影响,这时销与套之间的配合间隙,应足以补偿这两个中心距的误差,其配合间隙较大,故分度精度不是很高。

3)菱形销对定机构

如图 5.2(c)、图 5.4(d)所示,此形式主要是针对上述圆柱销对定机构的缺点,将对定销削边,使在同样条件下提高了分度精度,制造也不困难,故在轴向分度中用得较多。

4)圆锥销(或双斜面)对定机构

如图 5.2(d)、图 5.4(e)所示为圆锥销对定机构,常用于轴向分度。如图 5.3(b)所示为双斜面对定机构,常用于径向分度。这两种对定机构都能消除销与孔(或槽)之间的配合间隙,分度精度较高,且对于磨损具有一定的补偿作用,精度的保持性较好。但使用时,工作表面上的灰尘和污物将直接影响到分度精度。因此,这类机构应采用必要的防屑、挡尘措施。

5)单斜面对定机构

如图 5.3(c)所示为用于径向分度的单斜面对定机构。这种机构起定位作用的是对定销与槽的直边相接触,无配合间隙,并且由于斜面的作用始终靠在相对应的一侧,有利于提高分度精度。另外,这种结构的抗污能力也较强,若斜面上沾有污物而引起对定销后退,只要直边接触良好,则对分度精度无影响。故常用作一般精密分度中的对定机构。

6)正多面体对定机构

如图 5.3(d)所示为用于径向分度的正多面体对定机构。这种形式的分度盘是利用正多边体上的各个面进行分度,用斜楔加以对定。其优点是结构简单,制造容易,但分度精度不高,且分度数目不宜过多。

（2）分度对定机构的操纵方式

分度对定机构的操纵方式主要是指如何实现对定销与分度孔之间的拔销、插销和转位等一系列的动作。按原始作用力的情况分类,可将其分为手动(包括脚踏)和机动(动力源有气压、液压、电磁等)两种。这里仅介绍几种较常见的手动操纵结构,至于机动操纵,一般来讲,只需将原始作用力换为相应的各种动力源即可。

如图 5.4(c)所示为手拉式对定销。分度时,将对定销从分度盘衬套孔中拔出,在横销脱离狭槽后,将把手转 90°使横销搁在导套的顶端,此时即可进行分度转位。分度到位后,将横销转回到狭槽内,在弹簧力的作用下,对定销自行插入分度孔中,便完成一次分度。

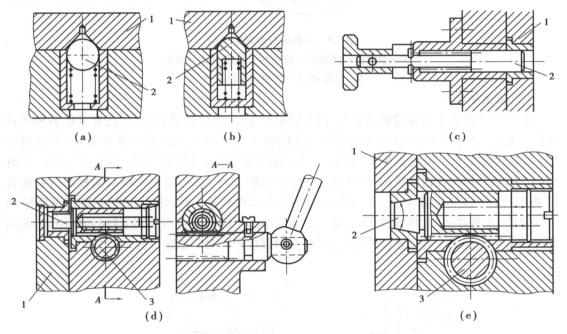

图 5.4　分度对定机构的操纵方式

1—分度盘;2—对定销;3—轴齿轮

如图 5.4(d)、(e)所示为齿轮齿条式对定操纵机构。这种操纵机构在对定销 2 上加工有齿条并与轴齿轮 3 啮合。当需分度拔销时,转动手柄,通过齿轮齿条的啮合传动,使对定销从分度衬套孔中拔出。分度转位后,在弹簧力的作用下,对定销便可插入下一个分度孔内(手柄反方向转动),即一次分度完成。

如图 5.5 所示为对定时拔销、插销与分度转位联合操作的单斜面分度对定机构。转位时,松开锁紧机构(图中未画出),逆时针转动手柄 1,拔销 3 在下端斜面的作用下压缩弹簧而退出分度槽,并使空套在转轴 7 上的凸轮盘 8 与手柄 1 一起逆时针转动,这时凸轮盘 8 上的斜面 A 通过横销 5 将对定销 6 从分度盘槽中拔出。当手柄转到下一个分度槽的位置时,拔销 3 在弹簧力的作用下,再一次插入槽中,然后顺时针转动手柄 1,在拔销 3 下端直边的作用下,拨动分度盘 4 通过键使转轴 7 进行转位,直至对定销 6 在弹簧力作用下插入下一个分度槽中,即完成一次分度转位过程。

121

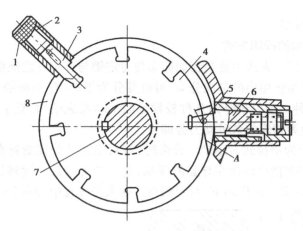

图 5.5　单斜面分度对定机构

1—手柄；2—弹簧；3—拔销；4—分度盘；5—横销；

6—对定销；7—转轴；8—凸轮盘

（3）锁紧机构

夹具分度装置上通常设置的锁紧机构，除采用螺杆、螺母锁紧机构外，还有其他多种形式的锁紧机构。如图 5.6(a)所示为偏心轮锁紧机构，转动手柄 3，偏心轮 2 通过支板 1 将回转台 5 压紧在底座 4 上。如图 5.6(b)所示为偏心轴锁紧机构，其原理与图 5.6(a)相同。如图 5.6(c)所示为斜楔式锁紧机构，转动螺钉 10，推动滑柱 11 左移，通过带斜面的梯形压紧螺钉 12 将回转台 9 压紧在底座上。如图 5.6(d)所示为切向锁紧机构，转动手柄 14，使锁紧螺杆 16 与锁紧套 15 相对运动，将转轴 13 锁紧。若加工中产生的切削力不大，并且振动较小时，夹具的分度装置上可不设置锁紧机构，但这时需采用圆柱形的对定销定位。

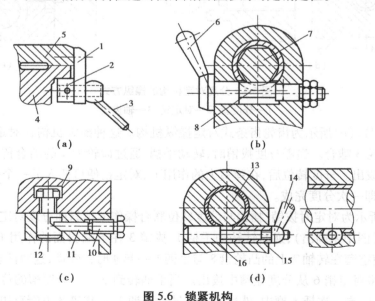

图 5.6　锁紧机构

1—支板；2—偏心轮；3,6,14—手柄；4—底座；5,9—回转台；7—分度转轴；8—偏心轴；

10—螺钉；11—滑柱；12—梯形压紧螺钉；13—转轴；15—锁紧套；16—锁紧螺杆

（4）抬起锁紧机构

在分度转位之前，为了使转盘转动灵活，特别对于较大规格的转台，需将回转盘稍微抬起；在分度结束后，则应将转盘锁紧，以增强分度装置的刚度和稳定性。为此可设置抬起锁紧装置。

如图 5.7（a）所示为弹簧式抬起机构，顶柱 2 通过弹簧 1 把转盘 3 抬起。转盘 3 转位后可用锁紧圈 4、锥形圈 5 锁紧。

如图 5.7（b）所示为偏心式抬起机构，转动圆偏心轴 9，经滑动套 11、轴承 7 把回转盘 6 抬起。反向转动圆偏心，经螺钉 12、滑动套 11、螺纹轴 8，即可将回转盘锁紧。

如图 5.7（c）所示为大型分度转盘，用液体静压抬起。压力油经油口 C、油路系统 16、油孔 b，在静压槽 D 处产生静压，抬起转盘 19；回油经油口 A 和回油系统 15 排出。静压使转盘抬起 0.1 mm。转盘 19 由锁紧装置 18 锁紧。如图 5.7（d）、（e）所示为用于小型分度盘的锁紧机构。

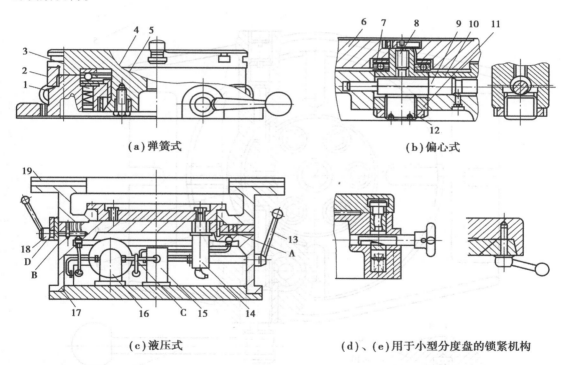

（a）弹簧式　　　　　　　　　　　　　　（b）偏心式

（c）液压式　　　　　　　　　（d）、（e）用于小型分度盘的锁紧机构

图 5.7　抬起锁紧机构

1—弹簧；2—顶柱；3—转盘；4—锁紧圈；5—锥形圈；6—回转盘；7—轴承；
8—螺纹轴；9—圆偏心轴；10,17—转台体；11—滑动套；12—螺钉；13—手柄；
14—液压缸；15—回油系统；16—油路系统；18—锁紧装置；19—转盘

如图 5.8 所示为一种立轴式通用回转工作台的典型结构。使用时，仅需把夹具安装在通用回转工作台的转盘上，即可实现加工中的分度和转位。这种分度装置采用的是插销、拔销以及锁紧联合作用的操纵机构。转盘 1 和转轴 4 由螺钉及销子联接，可在转台体 2 中转动。对定销 10 的下端有齿条与齿轮套 12 啮合。分度时，逆时针转动手柄 8，通过螺杆轴 7 上的挡销(见 B—B 剖面)带动齿轮套 12 转动,使对定销 10 从分度衬套 9 中退出。转盘转位后,再使对定销 10 在弹簧 11 的作用下插入另一分度衬套孔中,从而完成一次分度。顺时针转动手柄 8,由于螺杆轴的轴向作用将弹性开口锁紧圈 6 收紧。并带动锥形圈 5 向下将转盘锁紧,以达到锁紧的目的;反之,则松开。

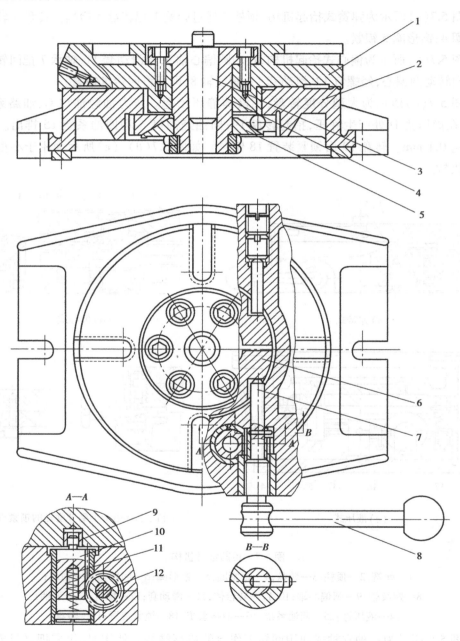

图 5.8　立式通用回转台

1—转盘;2—转台体;3—销;4—转轴;5—锥形圈;6—锁紧圈;

7—螺杆轴;8—手柄;9—分度衬套;10—对定销;11—弹簧;12—齿轮套

5.2 夹具体设计

夹具体是将夹具上的各种装置和元件联接成一个整体的基础件,它通常是夹具上体积最大和结构最复杂的零件。在加工过程中,夹具体还要承受夹紧力、切削力、惯性力以及由此而产生的冲击和振动。因此,夹具体也是承受载荷最大的零件。另外,夹具体既要保证在其上所安装的各种装置和元件间的相互位置关系,而且还要实现夹具与机床之间的定位和联接。因此,夹具体的形状和尺寸主要取决于工件的外廓尺寸和各类元件与装置的布置情况以及加工性质等。故在专用夹具中,夹具体的形状和尺寸很多是非标准的。它的加工精度要求往往较高。为此,在设计夹具体时,还应考虑到它的结构工艺性,在保证精度、强度和刚度的前提下,使之能合理、经济和方便地制造出来。

5.2.1 夹具体设计的基本要求

夹具体设计时,应满足以下基本要求:夹具体的结构形式一般由机床的有关参数和加工方式而定。主要分两大类:车床夹具的旋转型夹具体,铣床、钻床、镗床夹具的固定型夹具体。旋转型夹具体与车床主轴联接,固定型夹具体则与机床工作台联接。夹具体设计时,应满足以下基本要求:

(1)有适当的精度和尺寸稳定性

夹具体应具有良好的加工精度和尺寸稳定性。对于夹具体上用来安装定位元件、对刀(或引刀)元件或装置的工作表面,以及夹具体上用以与机床定位联接的表面和找正基面等重要表面,应根据夹具总图的设计要求,提出相应的尺寸、形状和位置精度以及粗糙度的具体要求。一般的推荐值为:表面粗糙度为 $1.6 \sim 0.8$ μm,平面度或直线度不大于 0.01 mm,平行度或垂直度不大于 0.01 mm。

为使夹具体尺寸稳定,铸造夹具体要进行时效处理,焊接和锻造夹具体要进行退火处理。

(2)有足够的强度和刚度

夹具体的强度和刚度主要是靠所用材料的机械性能、合理的几何形状、适当的壁厚和加强筋的合理布置这几个方面综合起来保证的。以铸造夹具体为例,其壁厚一般为 $12 \sim 25$ mm,并应尽量做到各处的壁厚均匀,并在刚度不足之处或对精度要求高的夹具体应设置加强筋,加强筋的厚度一般为壁厚的 $0.6 \sim 0.8$ 倍,筋板的高度不大于其壁厚的 5 倍。夹具体的长、宽、高尺寸应大致成比例,其高度尺寸一般为长、宽尺寸之和的 $0.06 \sim 0.1$ 倍。另外,在不影响工件装卸和加工可能性的情况下,采用框形结构或四周封闭形式的夹具体具有较高的强度和刚度。如图 5.9(a)所示为镗模夹具体最初的结构,夹具体易产生变形。如图 5.9(b)所示则是改进的结构;近年来采用的箱形结构(见图 5.9(c))与同样尺寸的夹具体相比,刚度可提高几倍。对于批量制造的大型夹具体,则应做危险断面强度校核和动刚度测试。

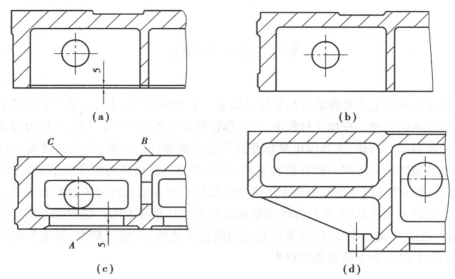

图 5.9　夹具体结构比较

（3）要有适当的容屑空间和良好的排屑性能

对于切削时产生切屑不多的夹具，可加大定位元件工作表面与夹具之间的距离或增设容屑沟槽（见图 5.10），以增加容屑空间。对于加工时产生大量切屑的夹具，可设置排屑缺口或斜面。如图 5.11（a）所示为钻床夹具常采用的一种结构，在被加工孔的下部设置的斜面，以使切屑自动落下，避免切屑在夹具上积聚。车床夹具如图 5.11（b）所示，常使用的排屑孔，切屑在离心力作用下从孔中甩出。

图 5.10　容屑空间

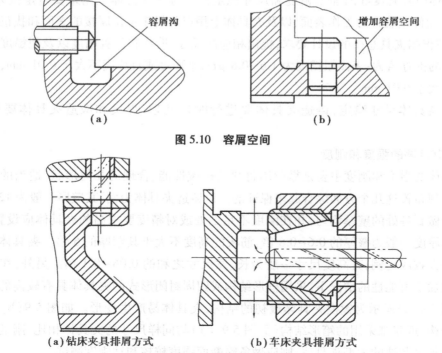

（a）钻床夹具排屑方式　　　　（b）车床夹具排屑方式

图 5.11　各种排屑方法

（4）在机床上安装稳定可靠

夹具在机床上的安装都是通过夹具体上的安装基面与机床上相应表面的接触或配合实现的。当夹具在机床工作台上安装时，夹具的重心应尽量低，重心越高则支承面应越大；夹具底面四边应凸出，使夹具体的安装基面与机床的工作台面接触良好。夹具体安装基面的形式如图 5.12 所示。图 5.12（a）为周边接触，图 5.12（b）为两端接触，图 5.12（c）为 4 个支脚接触。接触边或支脚的宽度应大于机床工作台梯形槽的宽度，应一次加工出来，并保证一定的平面精度；当夹具在机床主轴上安装时，夹具安装基面与主轴相应表面应有较高的配合精度，并保证夹具体安装稳定可靠。

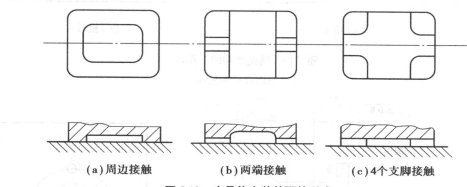

（a）周边接触　　　（b）两端接触　　　（c）4个支脚接触

图 5.12　夹具体安装基面的形式

（5）应吊装方便，使用安全

夹具体的设计应使夹具吊装方便、使用安全。在加工中要翻转或移动的夹具，通常要在夹具体上设置手柄或手扶部位以便于操作。对于大型夹具为便于吊运，在夹具体上应设有起吊孔、起吊环或起重螺栓。对于旋转类的夹具体，要尽量避免凸出部分，或装上安全罩，并考虑平衡。

（6）要有较好的外观

夹具体外观造型要新颖，钢质夹具体需发蓝处理或退磁，铸件未加工部位必须清理，并涂油漆。

（7）夹具编号管理

在夹具体适当部位用钢印打出夹具编号，以便于工件的管理。

5.2.2　夹具体毛坯的类型

（1）铸造夹具体

铸造夹具体的优点是工艺性好，可铸出各种复杂形状，具有较好的抗压强度、刚度和抗振性，但生产周期长，单件制造成本高，需进行时效处理，以消除内应力。常用材料为灰铸铁（如HT200），要求强度高时用铸钢（如 ZG35），要求质量轻时用铸铝（如 ZL104）。目前铸造夹具体应用较多。如图 5.13（a）所示为箱形结构，如图 5.13（b）所示为板形结构。它们的特点是夹具体的基面 1 和夹具体的装配面 2 相互平行。图 5.14 为钻模角铁式夹具体设计示例，图中 A 为夹具体的基面。图 5.15 为角铁式车床夹具体设计示例。由于车床夹具体为旋转型，故还设置了校正圆 C，以确定夹具旋转轴线的位置。设计铸造夹具体需注意合理选择壁厚、肋板、铸造圆角及凸台等。

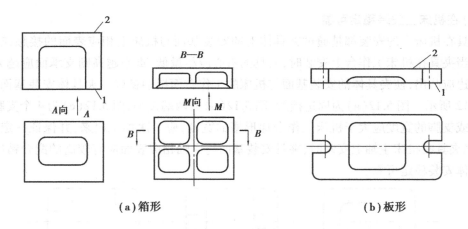

（a）箱形   （b）板形

图 5.13　铸造结构的夹具体

1—基面；2—装配面

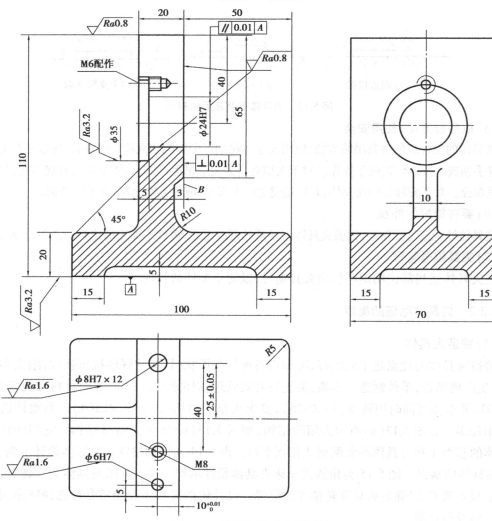

图 5.14　钻模角铁式夹具示例

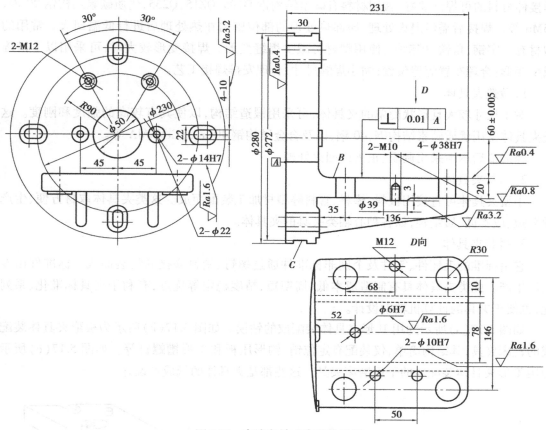

图 5.15　车床角铁式夹具体示例

A—夹具体基面；B—装配面；C—校正圆

（2）焊接夹具体

焊接式夹具体由钢板、型材焊接而成，如图 5.16 所示。这种夹具体制造方便、生产周期短、成本低、质量轻（壁厚比铸造夹具薄）。但焊接夹具体的热应力较大，易变形，需经退火处理，以保证夹具体尺寸的稳定性。焊接结构是国际上一些工业国家常用的方法。这类结构易于制造，制造周期短，成本低，使用也较灵活。当发现夹具体刚度不足时，可补焊肋和隔板。

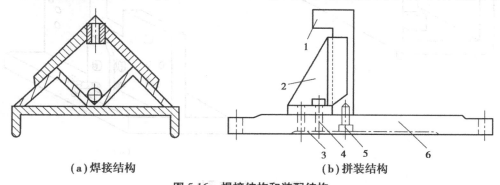

（a）焊接结构　　　　　　　　　（b）拼装结构

图 5.16　焊接结构和装配结构

1—直支架；2—角铁；3—圆柱销；4、5—螺钉；6—夹具体底板

焊接件材料的可焊性要好,常用材料有碳素结构钢 Q195,QZ15,Q235,优质碳素结构钢 20 钢、15Mn 等。焊接后需经退火处理,局部热处理的部位则需在热处理后进行低温回火。常用的型材有工字钢、角铁、槽钢等,使用型材可减少焊缝变形。焊接变形较大时,可采用以下措施减少变形:合理布置焊缝位置;缩小焊缝尺寸;合理安排焊接工艺。

1)锻造夹具体

对于尺寸较大且形状简单的夹具体,可采用锻造结构,以使其有较高的强度和刚度。这类夹具体常用优质碳素结构钢,40 钢,以及合金结构钢 40Cr,38CrMoAlA 等。

经锻造后酌情采用调质、正火或回火处理。

2)型材夹具体

小型夹具体可直接用板料、棒料、管料等型材加工装配而成。这类夹具体取材方便、生产周期短、成本低、质量轻,如各种心轴类夹具的夹具体。

3)拼装夹具体

它由标准的毛坯件、零件及个别非标准件通过螺钉、销钉联接和组装而成。标准件由专业厂生产。此类夹具体具有制造成本低、周期短、精度稳定等优点,有利于夹具标准化、系列化,也便于夹具的计算机辅助设计。

如图 5.17(a)所示为用 U 形夹具体装配成的钻模。如图 5.17(b)所示为板形夹具体装配成的铣床夹具,其结构简单,仅装配有定位销、钩形压板和 T 形槽螺钉等。如图 5.17(c)所示为用 T 形夹具体装配成的平面磨床夹具。这些都是夹具体的低成本设计。

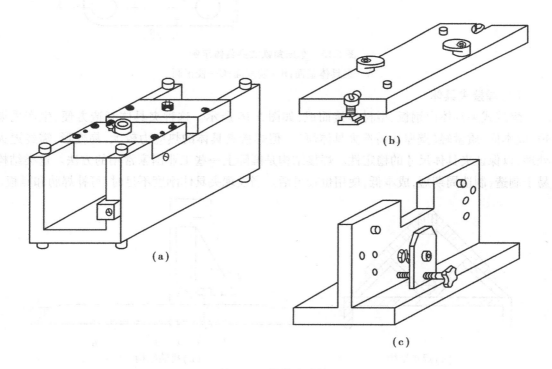

(a)

(b)

(c)

图 5.17 拼装夹具体

习题与训练

1. 何谓分度装置？它由哪些部分组成？

2. 何谓分度误差？

3. 径向分度与轴向分度各有何优缺点？

4. 夹具体上有哪 3 个重要表面？说明夹具体 5 种结构的特点。

第**6**章
专用机床夹具设计

专用机床夹具设计是工艺装备设计的一个重要组成部分,设计质量的高低,应以能稳定的保证工件的加工质量,生产效率高,成本低,排屑方便,操作安全,省力,制造、维护容易等作为衡量指标。机床所用的各类夹具种类有很多,通常在大类中可分为通用夹具、专用夹具和组合夹具。

(1)通用夹具

通用夹具是指国家已标准化、系列化,适合于工件形状比较规则的单一、小批量零件的装夹,(如三爪自动定心卡盘、四爪可调卡盘、台式老虎钳、铣用平口钳及分度头等)。

(2)专用夹具

专用夹具是指针对加工零件或制造工序专门设计的一类夹具,以满足零件加工精度及批量生产要求。

(3)组合夹具

组合夹具是指将夹具中所常用的零部件按标准化、系列化先制造好,然后根据加工零件的特点及加工精度要求对夹具进行组装成型,用完之后,可将其拆卸保管,待下次再组合成其他类型的夹具。它适合于多品种、中小批量生产加工,深受广大机械加工企业喜爱。

本学习单元主要介绍专用机床夹具设计方法和步骤,以及车床夹具、铣床夹具、钻床夹具及镗床夹具设计。

6.1 专用机床夹具的设计方法和工艺性

如图 6.1(a)所示的衬套,大批量生产时用如图 6.1(b)所示的铣床夹具铣槽,分析夹具设计步骤,标准装配图有关尺寸、公差和技术要求,夹具的工艺性和精度。

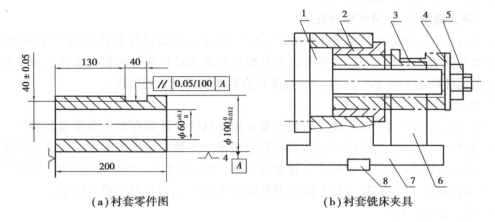

图 6.1　铣床夹具

1—心轴;2—定位套;3—对刀块;4—开口垫圈;

5—压紧螺母;6—支架;7—夹具体;8—定位键

6.1.1　夹具设计的要求

夹具设计时,应满足以下主要要求:

①夹具应满足零件加工工序的精度要求,特别对于精加工工序,应适当提高夹具的精度,以保证工件的尺寸公差和形状位置公差等。

②夹具应达到加工生产率的要求,特别对于大批量生产中使用的夹具,应设法缩短加工的基本时间和辅助时间。

③夹具的操作要方便、安全。按不同的加工方法,可设置必要的防护装置、挡屑板以及各种安全器具。

④能保证夹具一定的使用寿命和较低的夹具制造成本。夹具元件的材料选择将直接影响夹具的使用寿命。因此,定位元件以及主要元件宜采用力学性能较好的材料。夹具的低成本设计,目前在世界各国都已相当重视。为此,夹具的复杂程度应与工件的生产批量相适应。在大批量生产中,宜采用如气压、液压等高效夹紧装置;而小批量生产中,则宜采用较简单的夹具结构。

⑤要适当提高夹具元件的通用化和标准化程度。选用标准化元件,特别应选用商品化的标准元件,以缩短夹具制造周期,降低夹具成本。

⑥具有良好的结构工艺性,以便于夹具的制造、使用和维修。以上要求有时是相互矛盾的,故应在全面考虑的基础上,处理好主要矛盾,使之达到较好的效果。例如,钻模设计中,通常侧重于生产率的要求;镗模等精加工用的夹具,则侧重于加工精度的要求,等等。

6.1.2　专用夹具设计步骤

专用机床夹具设计是工艺装备设计的一个重要组成部分。设计质量的高低应以能稳定地保证工件的加工质量,生产效率高,成本低,排屑方便,操作安全、省力,制造、维护容易等为其衡量指标。下面介绍其设计步骤。

（1）研究原始资料、分析设计任务

工艺人员在编制零件的工艺规程时,提出了相应的夹具设计任务书,其中对定位基准、夹紧方案及有关要求作了说明。夹具设计人员根据任务书进行夹具的结构设计。为了使所设计的夹具能够满足上述基本要求,设计前要认真收集和研究下列资料。

1）生产纲领

工件的生产纲领对于工艺规程的制订及专用夹具的设计都有着十分重要的影响。夹具结构的合理性及经济性与生产纲领有着密切的关系。大批大量生产多采用气动或其他机动夹具,自动化程度高,同时夹紧的工件数量多,结构也比较复杂。中小批生产时,宜采用结构简单、成本低廉的手动夹具,以及万能通用夹具或组合夹具,以便尽快投入使用。

2）零件图及工序图

零件图是夹具设计的重要资料之一。它给出了工件在尺寸、位置等方面的精度要求。工序图则给出了所用夹具加工工件的工序尺寸、工序基准、已加工表面、待加工表面、工序精度要求等,它是设计夹具的主要依据。

3）零件工艺规程

了解零件的工艺规程主要是指了解该工序所使用的机床、刀具、加工余量、切削用量、工步安排、工时定额、同时安装的工件数目等。关于机床,应了解机床的主要技术参数、规格、机床与夹具联接制造部分的结构与尺寸;关于刀具,应了解刀具的主要结构尺寸、精度等。

4）夹具结构及标准

收集有关夹具零部件标准、典型夹具结构图册。了解本厂制造、使用夹具的情况以及国内外同类型夹具的资料。结合本厂实际,吸收先进经验,尽量采用国家标准。

（2）确定夹具的结构方案

确定夹具结构方案主要包括以下5种:

①根据工件的定位原理,确定工件的定位方式,选择定位元件。

②确定刀具的对准及引导方式,选择刀具的对准及导引元件。

③确定工件的夹紧方式,选择适宜的夹紧机构。

④其他元件或装置的结构形式,如定向元件、分度装置等。

⑤协调各装置、元件的布局,确定夹具体结构尺寸和总体结构。

在确定夹具结构方案的过程中,定位、夹紧、对定等各个部分的结构以及总体布局一般都会有几种不同方案可供选择,应画出草图,经过分析和比较,从中选取较为合理的方案。

（3）绘制夹具总图

绘制夹具总图时,应遵循国家制图标准,绘图比例应尽量取1:1,以便使图形有良好的直观性。如工件尺寸大,夹具总图可按一定的比例绘制;零件尺寸过小,总图可按2:1或5:1的比例绘制。总图中视图的布置也应符合国家制图标准,在清楚表达夹具内部结构及各装置、元件位置关系的情况下,视图的数目应尽量少。

绘制总图时,主视图应取操作者实际工作时的位置,以便于夹具装配及使用时参考。工件看作为"透明体",所画的工件轮廓线与夹具的任何线条彼此独立,不相干涉。其外廓以黑色双点画线表示。

绘制总图的顺序是：先用双点画线绘出工件的轮廓外形和主要表面，并用网纹线表示出加工余量。围绕工件的几个视图依次绘出定位元件、对定元件、夹紧机构，以及其他元件、装置，最后绘制出夹具体及联接件，把夹具的各组成元件、装置连成一体。

夹具总图上应画出零件明细表和标题栏，写明夹具名称及零件明细表上所规定的内容。

（4）确定并标注有关尺寸、配合和技术条件

1）总图标注的尺寸和公差

在夹具总图上应标注的尺寸及配合有下列5类：

①工件与定位元件的联系尺寸

它常指工件以孔在心轴或定位销上定位时，工件孔与上述定位元件间的配合尺寸及公差等级。

②夹具与刀具的联系尺寸

它用来确定夹具上对刀、导引元件位置的尺寸。对于铣、刨夹具而言，是指对刀元件与定位元件的位置尺寸；对于钻、镗夹具来说，是指钻（镗）套与定位元件间的位置尺寸，钻（镗）套之间的位置尺寸，以及钻（镗）套与刀具导向部分的配合尺寸。

③夹具与机床的联系尺寸

它用于确定夹具在机床上正确位置的尺寸。对于车床、磨床夹具，主要是指夹具与主轴端的联接尺寸；对于铣、刨夹具，则是指夹具上的定向键与机床工作台上的 T 形槽的配合尺寸。标注尺寸时，还常以夹具上的定位元件作为位置尺寸的基准。

④夹具内部的配合尺寸

它们与工件、机床、刀具无关，主要是为了保证夹具装配后能满足规定的使用要求。

⑤夹具的外廓尺寸

一般是指夹具最大外形轮廓尺寸。当夹具上有可动部分时，应包括可动部分处于极限位置时所占的空间尺寸。例如，夹具体上有超出夹具体外的移动、旋转部分时，应注出最大旋转半径；有升降部分时，应注出最高及最低位置。标出夹具最大外形轮廓尺寸，就能知道夹具在空间实际所占的位置和可能活动的范围，以便能够发现夹具是否会与机床、刀具发生干涉。

上述诸尺寸公差的确定可分两种情况处理：夹具上定位元件之间，对刀、导引元件之间的尺寸公差，直接对工件上相应的尺寸发生影响，因而根据工件相应尺寸的公差来确定。一般取工件相应尺寸公差的 1/5～1/3。定位元件与夹具体的配合尺寸公差，夹紧装置各组成零件间的配合尺寸公差等，应根据其功用和装配要求，按一般公差与配合原则决定。

2）总图标注的位置公差

在夹具装配图上应标注的技术条件（位置精度要求）有以下两个方面：

①定位元件之间或定位元件与夹具体底面间的位置要求，其作用是保证加工面与定位基面间的位置精度。

②定位元件与联接元件（或找正基面）间的位置要求。图 6.2 中，用镗模加工主轴箱上孔系时，要求镗模上的 V 形定位块与夹具体上的找正基面 C 保持平行，因为镗套轴线是要与找正基面 C 保持平行的；否则，便无法保证所加工的孔系轴心线与 V 形导轨面的平行度要求。

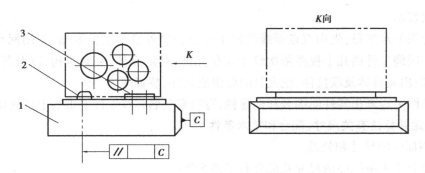

图 6.2　定位元件与找正基准面间的位置要求

1—夹具体；2—V形定位块；3—支承板

3）定位元件与导引元件（或对刀元件）的位置要求

如图 6.3 所示，若要求所钻孔的轴心线与定位基面垂直，必须以钻套轴线与定位元件工作表面 A 垂直、定位元件工作表面 A 与夹具体底面 B 平行为前提。

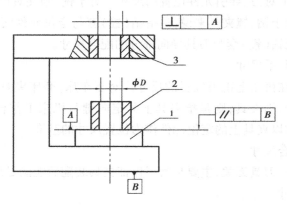

图 6.3　定位元件与导向元件间的位置要求

1—定位元件；2—工件；3—导引元件

上述技术条件是保证工件相应的加工要求所必需的，其数值应取工件相应技术要求所规定数值的 1/5～1/3。

6.1.3　夹具的工艺性

夹具制造属于单件生产性质，而其精度又比加工工件高。故一般在调整、修配、装配并组合加工总装后，在使用机床上就地进行最终加工等方法，保证夹具的工作精度。在夹具设计时，必须认识到夹具制造的这一工艺特点，否则很难在结构设计、技术条件制订等方面做到恰当、合理，以致给制造、检验、装配、维修带来困难。为了使所设计的夹具在制造、检验、装配、调试、维修等方面所花费的劳动量最少、费用最低，应做到在整个夹具中广泛采用各种标准件和通用件，减少专用件，各种专用件的结构应易于加工、测量，各种专用部件的结构应易于装配、调试和维护。

（1）夹具的制造工艺性

对于与工件加工尺寸直接有关的且精度较高的部位，在夹具制造时常用调整法和修配法来保证夹具精度。

1）修配法的应用

对于需要采用修配法的零件,可在其图样上注明"装配时精加工"或"装配时与××件配作"字样等。

如图 6.4 所示,支承板和支承钉装配后保证定位面对夹具体基面 A 的平行度公差。

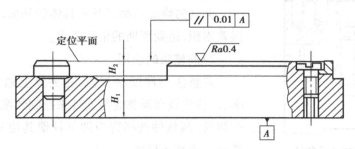

图 6.4　支承板和支承钉装配后保证位置精度

如图 6.5 所示为一钻床夹具保证钻套孔距尺寸 10±0.02 mm 的方法。在夹具体 2 和钻模板 1 的图样上分别注明"配作"字样,其中,钻模板上的孔可先加工至留 1 mm 余量的尺寸,待测量出正确的孔距尺寸后,即可与夹具体合并加工出销孔。显然,原图上的 A_1,A_2 尺寸已被修正。这种方法又称"单配"。如图 6.6 所示的铣床夹具也用相同的方法来保证 V 形块标准圆轴线对夹具体找正面 A 的平行度公差。

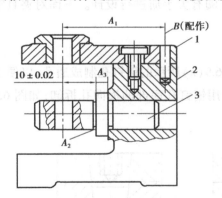

图 6.5　钻模的修配法

1—钻模板;2—夹具体;3—定位轴

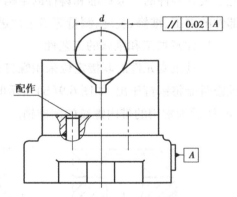

图 6.6　铣床夹具保证位置精度的方法

车床夹具的安装误差 ΔA 较大,对于同轴度要求较高的加工面,即可在所使用的车床上加工出定位面来。如车床夹具的测量工艺孔和校正圆的加工,可通过过渡盘和所使用的车床联接后直接加工出来。从而使这两个加工面的中心线和车床主轴中心重合,获得较精确的位置精度。如图 6.7 所示为采用机床自身加工的方法。加工时,需夹持一个与装夹直径相同的试件(夹紧力也相似),然后车削软爪即可使三爪自定心卡盘达到较高

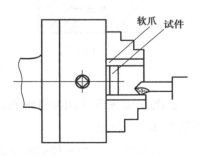

图 6.7　三爪自定心卡盘的修配

的精度,卡盘重新安装时需再加工卡爪的定位面。

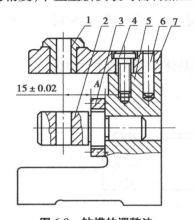

图 6.8　钻模的调整法

1—钻套;2—定位轴;3—支承板;
4—螺钉;5—夹具体;6—销钉;
7—钻模板

镗床夹具也常采用修配法。例如,将镗套的内孔与所使用镗杆的实际尺寸单配间隙在 0.008~0.01 mm,即可使镗模具有较高的导向精度。

夹具的修配法都涉及夹具体的基面,从而不致使各种误差累积,达到预期的精度要求。

2)调整法的应用

调整法与修配法相似,在夹具上通常可设置调整垫圈、调整垫板和调整套等元件来控制装配尺寸。这种方法较简易,调整件选择得当即可补偿其他元件的误差,以提高夹具的制造精度。

将如图 6.5 所示的钻模改为调整结构,则只要增设一个支承板 3(见图 6.8),待钻模板装配后再按测量尺寸修正支承板的尺寸 A 即可。

(2)夹具的结构工艺性

夹具的结构工艺性主要表现为夹具零件制造、装配、调试、测量及使用等方面的综合性能。夹具零件的一般标准和铸件的结构要素等,均可查阅有关手册进行设计。下面对夹具零部件的加工、维修、装配、测量等工艺性进行分析。

1)注意加工和维修的工艺性

夹具主要元件的联接定位采用螺钉和销钉。如图 6.9(a)所示的销钉孔制成通孔,以便于维修时能将销钉压出;如图 6.9(b)所示的销钉,则可利用销钉孔底部的横向孔拆卸;如图 6.9(c)所示为常用的带内螺纹的圆锥销。

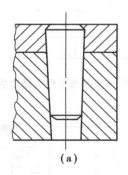
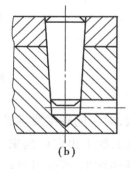
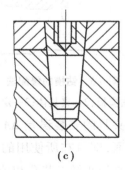

（a）　　　　　　　　　　（b）　　　　　　　　　　（c）

图 6.9　销孔联接的工艺性

如图 6.10 所示为两种可维修的衬套结构。它们在衬套的底部设计有螺孔或缺口槽,以便使用工具将其拔出。

如图 6.11 所示为 4 种螺纹联接结构。图 6.11(a)的螺孔太长;图 6.11(d)所用的螺钉太长且突出外表面,在设计时都要避免。

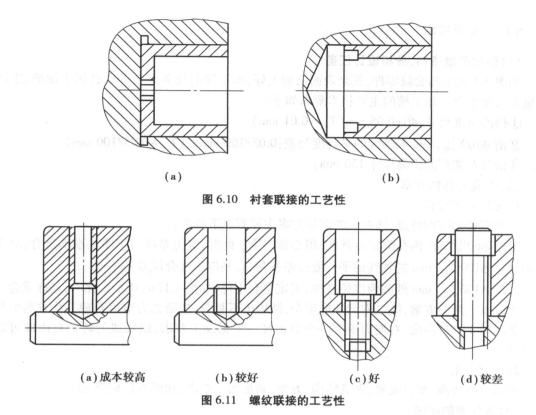

（a）   （b）

图 6.10 衬套联接的工艺性

（a）成本较高   （b）较好   （c）好   （d）较差

图 6.11 螺纹联接的工艺性

2）注意装配测量的工艺性

夹具的装配测量是夹具制造的重要环节。无论是用修配法或调整法装配，还是用检具检测夹具精度时，都应处理好基准问题。

为了使夹具的装配、测量具有良好的工艺性，应遵循基准统一原则，以夹具体的基面为统一的基准，以便于装配、测量，保证夹具的制造精度。

如图 6.12(a)所示为用数字高度游标尺测量钻模孔距的方法。由于盖板式钻模没有夹具体，故直接用钻模板及定位元件为测量基准。如图 6.12(b)所示为用检验棒和量块测量 V 形块标准圆中心高和平行度的方法。如图 6.12(c)所示为用检验棒测量镗模导向孔平行度的方法。装配时，可通过修刮支架的底面来保证镗模的中心高尺寸和平行度要求。

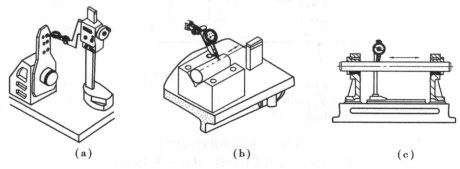

（a）   （b）   （c）

图 6.12 夹具精度的检测

139

6.1.4 任务实施

(1)研究原始资料、分析设计任务

如图 6.1 所示的套筒零件,其余表面已加工好,本工序的任务是在卧式铣床上铣槽,生产批量为大批生产。加工槽的主要技术要求如下:

①槽的深度尺寸:40 ± 0.05 mm($T_{k1}=0.01$ mm)。

②槽 $\phi100_{-0.012}^{0}$ mm 的轴线的平行度公差:$0.05/100$ mm。($T_{k2}=0.05/100$ mm)

③槽与左端面的距离尺寸 130 mm。

(2)夹具的结构方案

1)定位方案分析

根据零件的结构特点,该夹具的定位方案主要有以下两个:

①以 $\phi60_{0}^{+0.1}$ mm 内孔为定位基准,用心轴定位。此时,定位基准与工序基准不重合,对于保证槽对 $\phi100_{-0.012}^{0}$ mm 的轴线的平行度公差不利,有基准不重合误差。

②以 $\phi100_{-0.012}^{0}$ mm 外圆为定位基准,用定位套定位,如图 6.1(b)所示。此时,基准重合。

比较以上两个方案,第二方案基准重合,结构也不复杂,选第二方案更合理。此方案中长定位套限制 4 个自由度,右端面限制一个自由度。根据加工要求,绕轴线的转动自由度可以不限制。

2)夹紧方案

端面快换垫圈、螺母夹紧,夹具结构、方便,满足加工要求,如图 6.1(b)所示。

(3)装配图的标注

夹具的标注尺寸如图 6.13 所示。主要有以下 4 个方面:

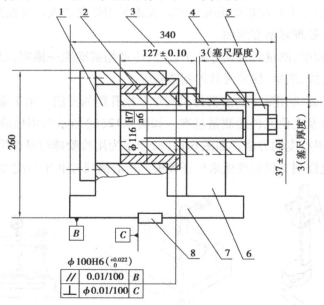

图 6.13 铣床夹具标注示例

1—心轴;2—定位套;3—对刀块;4—开口垫圈;

5—压紧螺母;6—支架;7—夹具体;8—定位键

①标注与加工尺寸 40 ± 0.05 mm 有关的尺寸和公差为：37 ± 0.01 mm，其中对刀块尺寸公差取 $T_{k1}/5=0.02$ mm；塞尺取 $3_{-0.014}^{0}$ mm。

②标注与工件平行度（$T_{k2}=0.05$ mm/100 mm）有关的位置公差，即定位套孔 $\phi100H6$ mm 的轴线对夹具体基面 B 的平行度公差，取 $T_{k2}/5=0.01$ mm/100 mm。

③标注与加工尺寸 130 mm 有关的对刀尺寸为 127 ± 0.10 mm，对刀基准为定位元件的定位面，塞尺取 $3_{-0.014}^{0}$ mm。$\phi100H6$ 孔轴线对定位键侧面 C 的垂直度公差为 0.01 mm/100 mm。

④夹具的外形尺寸为 260 mm 和 340 mm。

（4）误差分析

误差分析计算主要包括以下方面：

1）校核尺寸公差 40 ± 0.05 mm（$T_{k1}=0.10$ mm）

①定位误差 ΔD

因基准重合，$\Delta B=0$；又因定位套的内孔尺寸是 $\phi100H6$（$\phi100_{0}^{+0.022}$ mm），工件的外径是 $\phi100_{-0.012}^{0}$，故

$$\Delta D = \Delta Y = (0.022 + 0.012) \text{ mm} = 0.034 \text{ mm}$$

②夹具位置误差 ΔA

因为夹具体内孔与定位套的外径是过盈配合（$\phi116\dfrac{H7}{n6}$），对刀块的调整基准是定位套内孔的中心线，故 $\Delta A=0$。

③对刀误差 ΔT

对刀块的调整误差是 0.02 mm，塞尺厚度为 $3_{-0.014}$ mm，故

$$\Delta T = (0.014 + 0.02) \text{ mm} = 0.034 \text{ mm}$$

④加工过程误差 ΔG

取 $\Delta G = 0.1$ mm/5 = 0.02 mm

⑤按式（3.2），得

$$\sqrt{0.034^2 + 0.034^2 + 0.02^2} \text{ mm} = 0.05 \text{ mm} < T_{k1}$$

故夹具尺寸公差设计合理。

2）校核平行度公差（$T_{k2}=0.05$ mm/100 mm）

①定位误差 ΔD 与基准重合，$\Delta B=0$；又因定位套的内孔尺寸是 $\phi100H6$（$_{0}^{+0.022}$ mm），工件的外径是 $\phi100_{-0.012}^{0}$ mm，定位套长度 110 mm，故平行度公差为

$$\Delta D = \frac{(0.022 + 0.012)\text{ mm}}{110 \text{ mm}} = \frac{0.034 \text{ mm}}{110 \text{ mm}} = \frac{0.030\ 9 \text{ mm}}{100 \text{ mm}} \text{（定位套长度 110 mm）}$$

②夹具位置误差 ΔA。因定位套的内孔轴线对夹具体下表面的平行度为 0.01/100，故

$$\Delta A = \frac{0.01 \text{ mm}}{100 \text{ mm}}$$

③对刀误差 ΔT。由于对刀误差不影响平行度，故

$$\Delta T = \frac{0.02 \text{ mm}}{100 \text{ mm}}$$

④加工过程误差 ΔG。取 $\Delta G = (0.01$ mm/100 mm$)/5 = 0.002$ mm/100 mm，按式（3.2），得

$$\frac{0.030\ 9 \text{ mm}}{100 \text{ mm}} + \frac{0.01 \text{ mm}}{100 \text{ mm}} + \frac{0.002 \text{ mm}}{100 \text{ mm}} = \frac{0.041\ 1 \text{ mm}}{100 \text{ mm}} < \frac{0.05 \text{ mm}}{100 \text{ mm}}$$

6.2 车床夹具设计

如图 6.14 所示为横拉杆接头零件,除 M24×1.5-6H 螺孔外,其余部分都已加工好。在普通车床上,大批量生产加工 M24×1.5-6H 螺孔,必须设计专用车床夹具才能保证生产率和精度要求。下面学习车床夹具的类型、结构、设计要点和设计方法。

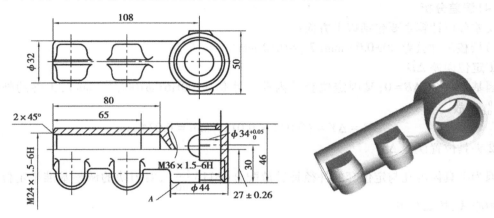

图 6.14 横拉杆接头

(1)车床夹具的主要类型和结构

车床夹具主要用于加工零件的内外圆柱面、圆锥面、回转成形面、螺纹及端平面等。车床上所用夹具均是围绕着以车床主轴为旋转轴线而形成的夹具,根据这一加工特点和夹具在车床上的安装位置,可将车床夹具分为以下两种基本类型:

①安装在车床主轴上的夹具。此类夹具中,除了各种卡盘、顶尖等通用夹具或其他机床附件外,往往根据加工的需要设计各种心轴或其他专用夹具,加工时夹具是随机床主轴进行旋转,切削刀具作进给运动。

②安装在滑板或床身上的夹具。对于某些形状不规则和尺寸较大的工件,因车床所加工的范围限制或零件的特殊形状要求,常常把夹具安装在车床的大、中拖板上作直线进给运动,而刀具安装在车床的主轴上作旋转运动。

车床夹具主要用于加工零件的内外圆柱面、圆锥面、回转成形面、螺纹面及端平面等。上述各种表面都是围绕机床主轴的旋转轴线而形成的,根据这一加工特点和夹具在机床上安装的位置,将机床夹具分为以下两种基本类型:

①安装在车床主轴上的车床夹具。安装在车床主轴上的车床夹具除三爪卡盘、四爪卡盘、花盘、前后顶尖以及拨盘与鸡心夹的组合通用车床夹具外,往往根据加工的需要设计专用车床夹具。加工时,夹具随机床主轴一起旋转,切削刀具作进给运动。

②安装在车床拖板上的车床夹具。对于某些形状不规则或尺寸较大的工件,常常把夹具安装在车床拖板上,刀具则安装在车床主轴上作旋转运动,夹具作进给运动。加工回转成形面的靠模属于安装在床身上的夹具。

根据夹具的结构特点,又将车床夹具分为心轴类车床夹具、圆盘式车床夹具和角铁式车床夹具等。

1）心轴类车床夹具

心轴类车床夹具多用于工件以内孔作为定位基准,加工外圆柱面的情况,常见的车床心轴有普通心轴、弹簧心轴和顶尖式心轴等。

如图 6.15(a)所示为顶尖式心轴。该夹具的特点是,以工件内孔作为定位基准,加工外表面。适用于工件带有内孔,直径在 $\phi32\sim\phi100$ mm,工件长度在 $120\sim800$ mm 的管类零件的车、磨削外表面零件。其特点是:操作简便、快捷,夹紧力可靠,夹具结构简单。

如图 6.15(b)所示为涨力心轴套。该夹具主要适用于一些短套类零件在车削外表面或磨削外表面时所使用,其特点是:装卸方便、快捷,夹紧力适当,不易引起工件的变形等。

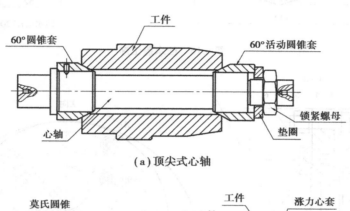

(a)顶尖式心轴

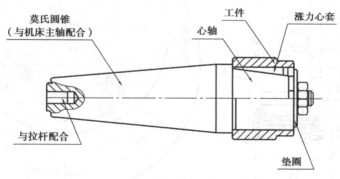

(b)涨力心轴装夹工件

图 6.15　心轴

2）圆盘式车床夹具

圆盘式车床夹具的夹具体为圆盘形,其加工的工件一般都形状复杂,多数情况是工件的定位基准为圆柱面和与其垂直的端面。夹具上的平面定位件与车床主轴的轴线相垂直。

如图 6.16 所示为回水盖工序图。本工序加工回水盖上 2-G1 螺孔。加工要求是:两螺孔的中心距为 78 ± 0.3 mm,两螺孔的连心线与 $\phi9H7$ 两孔的连心线之间的夹角为 $45°$,两螺孔轴线应与底面垂直。

如图 6.17 所示为加工回水盖上 2-G1 螺孔的圆盘式车床夹具。工件以底平面和两个 $\phi9H7$ 孔分别在分度盘 3、定位销 7 和菱形销 6 上定位。拧螺母 9,由两块螺旋压板 8 夹紧工件。车完一个螺纹孔后,松开 3 个螺母 5,拔出对定销 10,将分度盘 3 回转 $180°$。当对定销 10 插入另一分度孔中,再拧紧 3 个螺母 5,即可加工另一个螺孔。

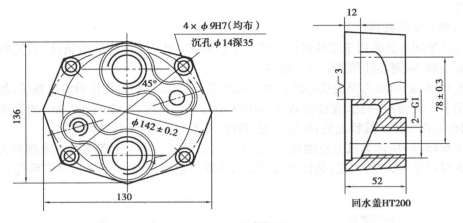

图 6.16　回水盖工序

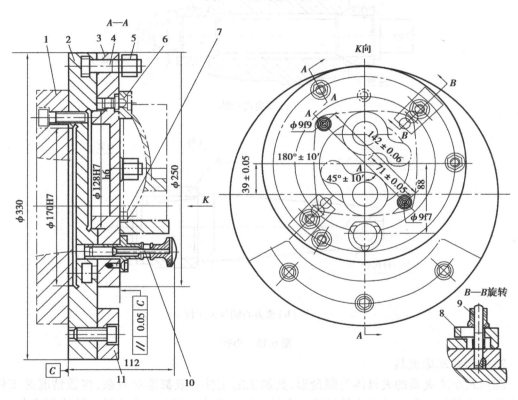

图 6.17　圆盘式车床夹具

1—过渡盘；2—夹具体；3—分度盘；4—T 形螺钉；5,9—螺母；
6—菱形销；7—定位销；8—压板；10—对定销；11—平衡块

3）角铁式夹具

角铁式车床夹具的结构特点是具有类似角铁的夹具体。它常用于加工壳体、支座、接头类等零件上的圆柱面及端面。当被加工工件的主要定位基准是平面，被加工面的轴线对主要定位基准面保持一定的位置关系（平行或成一定的角度）时，相应的夹具上的平面定位件设置在与车床主轴轴线相平行或成一定角度的位置上。

如图 6.18 所示为座板体零件孔加工工序图。若加工 $\phi 2.5^{+0.01}_{0}$ mm 和 $\phi 10^{+0.002}_{+0.011}$ mm 的工艺为钻、镗、铰的工艺方案,则在镗孔时需精车端面 A 和端面 B($\phi 12$ mm 范围内),且 A,B 两面与孔 $\phi 10^{+0.011}_{+0.005}$ mm 轴线的端面跳动量不超过 0.02 mm。此外,加工 $\phi 2.5^{+0.01}_{0}$ mm 孔时,还应保证其轴线与 $\phi 10^{+0.011}_{+0.005}$ mm 孔轴线的同轴度允差为 $\phi 0.01$ mm;$\phi 10^{+0.011}_{+0.005}$ mm 孔的位置尺寸为 15.5±0.1 mm 和 8±0.1 mm;$\phi 2.5^{+0.01}_{0}$ mm 和 $\phi 10^{+0.011}_{+0.005}$ mm 的轴线与 $\phi 17.5$ mm 的轴线位置度公差不得大于 0.02 mm。

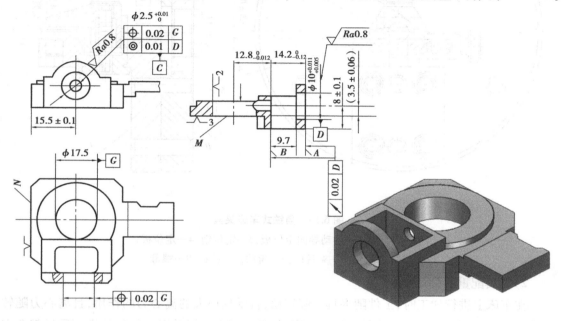

图 6.18　座板体零件工序图

根据以上对零件工序尺寸的分析,可选工件上的 $\phi 17.5$ mm 孔轴心线和 M,N 两个平面为定位基准。如图 6.19 所示为该工序的车床夹具图。定位销 3(短圆柱)、定位板 4 和活动导向定位板 2 共限制了 6 个自由度。以孔 $\phi 20H7$ 和端面 B 作为与过渡盘的安装基准,表面 K 作为校正基准。在此需要说明一点,工件尺寸 8±0.1 mm 由经过尺寸链换算过的 3.5±0.06 mm 间接保证,即是夹具上所标尺寸 3.5±0.02 mm 的由来。只要夹具在验收时满足尺寸 3.5±0.02 mm 的要求,则零件尺寸 8±0.1 mm 就能由工艺装备保证。

(2)车床夹具的设计要点

1)定位装置的设计

车床夹具在设计定位装置时,除考虑应限制的自由度外,最重要的是要使工件加工表面的轴线与机床主轴回转轴线重合。除此之外,定位装置的元件在夹具体上的位置精度与工件加工表面的位置尺寸精度有直接的关系。因此在夹具总图上,一定要标注定位元件的位置尺寸和公差(见图 6.19 的尺寸 3.5±0.02 mm),作为夹具的验收条件之一。另外,常常在车床夹具上设置找正孔、校正基圆或定位孔(见图 6.19 的尺寸 $\phi 20H7$),以保证车床夹具精确地安装到机床主轴回转中心上。夹具体上定位套孔的轴线与夹具体的端面 A 垂直度公差为 0.005 mm,因为 A 面是夹具与车床过渡盘安装时的装配基准。

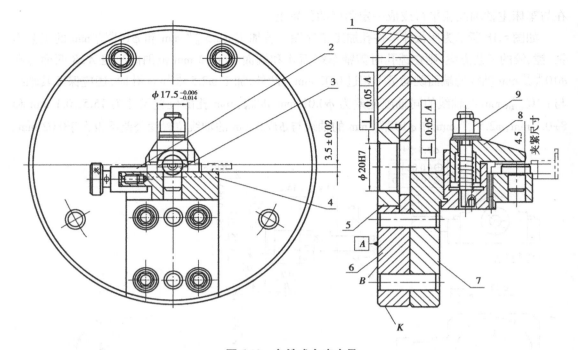

图 6.19　角铁式车床夹具

1—平衡块;2—活动导向定位板;3—定位销;4—定位板;

5—定位套;6—夹具体;7—角铁;8—压板;9—螺母

2)夹具配重的设计要求

在车床上进行加工时,工件随夹具一起转动,将受到很大的离心力的作用,且离心力随转速的增高而急剧增大。这对零件的加工精度、加工过程中的振动以及零件的表面质量都会有很大的影响。因此,车床夹具要注意各装置之间的布局,必要时设计配重块加以平衡,如图6.19所示的序号1。

3)夹紧装置的设计要求

车床夹具在工作过程中要受到离心力和切削力的作用,其合力的大小与方向相对于工件的定位基准又是变化的。因此,夹紧装置要有足够的夹紧力和良好的自锁性,以保证夹紧安全可靠。但夹紧力不能过大,且要求受力布局合理,不至于破坏定位装置的位置精度。如图6.20所示为在车床上镗轴承座孔的角铁式车床夹具。如图6.20(a)所示的施力方式是正确的。如图6.20(b)所示的结构虽比较复杂,但从总体上看更趋合理。如图6.20(c)所示的结构尽管简单,但夹紧力会引起角铁悬伸部分及工件的变形,破坏了工件的定位精度,因此不合理。

4)夹具在车床主轴上的安装

车床夹具与主轴的联接精度直接影响到夹具的回转精度,从而造成工件的误差。因此,要求夹具的回转轴线与车床主轴回转轴线具有较高的同轴度。

车床夹具与机床主轴的联接结构形式在车床型号确定之后,可由机床使用说明书或有关手册查知。数控车床主轴前端一般都车有锥孔和外锥,或轴颈与凸缘端面等结构提供给夹具

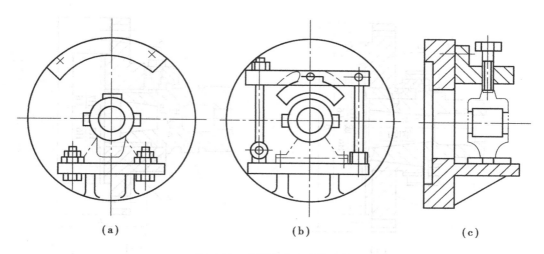

图 6.20 夹紧施力方式的比较

的联接基准。但要注意,同类机床因其生产厂家不同尺寸可能有差异。最可靠的确定方法,还是去现场测量,以免造成错误或损失。

确定夹具与机床主轴联接结构,一般根据夹具径向尺寸的大小而定。

①径向尺寸 $D<140$ mm,或 $D<(2\sim3)d$ 的小型车床夹具,一般通过锥柄安装在主轴锥孔中,并以主轴后端穿一螺栓拉杆拉紧,以防止加工中受力松脱,如图 6.21 所示。这种联接方式结构简单,夹具与机床的安装精度较高。

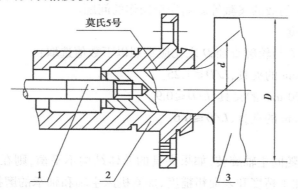

图 6.21 夹具在主轴锥孔中安

1—拉杆;2—主轴;3—夹具

②对于径向尺寸较大的夹具,一般通过过渡盘与车床主轴联接,如图 6.22 所示。过渡盘以内圆柱面与主轴前端轴颈用 H7/h6 或 H7/js6 配合定心,以螺纹与主轴联接。为安全起见,用两个带锥面的压块 3,借螺钉的作用将过渡盘紧贴在主轴凸缘端面上,以防倒车惯性力的作用而松脱。

过渡盘与夹具多采用止口结构定位,采用 H7/h6 或 H7/js6 配合,并用螺钉紧固。过渡盘常为机床配件备用,但止口的凸缘与大端面是由用户根据需要自己就地加工的。

在设计车床夹具时,要特别注意在夹具体上设置校正基准,确保夹具的轴线与机床回转中心线的位置关系。

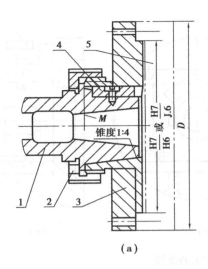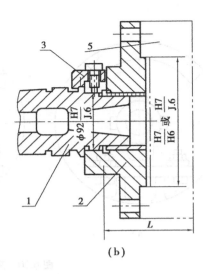

（a）　　　　　　　　　　　　　　　　　　　（b）

图 6.22　夹具通过过渡盘与车床主轴联接

1—主轴;2—过渡盘;3—压块;4—夹具

5）对夹具总体结构的要求

车床夹具一般都是在悬臂状态下工作的,为保证加工过程的稳定性,夹具结构应力求简单紧凑、轻便且安全,悬伸长度要尽量小,重心靠近主轴前支撑。为保证安全,装在夹具上的各个元件不允许伸出夹具体直径之外。不应该有突出的棱角,必要时应加防护罩。此外,还应考虑切屑的缠绕、切削液的飞溅等影响安全操作的问题。

①夹具的悬伸长度

夹具的悬伸长度 L 与轮廓直径 D 之比应参照以下数值选取：

a.直径小于 150 mm 的夹具,$L/D \leq 1.25$。

b.直径在 150~300 mm 的夹具,$L/D \leq 0.9$。

c.直径大于 300 mm 的夹具,$L/D \leq 0.6$。

②夹具的静平衡

由于加工时夹具随同主轴旋转,如果夹具的总体结构不平衡,则在离心力的作用下将造成振动,影响工件的加工精度和表面粗糙度,加剧机床主轴和轴承的磨损。因此,车床夹具除了控制悬伸长度外,结构上还应基本平衡。角铁式车床夹具的定位元件及其他元件总是布置在主轴轴线一侧,不平衡现象最严重,故在确定其结构时,特别要注意对它进行平衡。平衡的方法有两种:设置平衡块和加工减重孔。

在确定平衡块的质量或减重孔所去除的质量时,可用隔离法作近似估算,即把工件及夹具上的各个元件,隔离成几个部分,互相平衡的各部分可略去不计,对不平衡的部分,则按力矩平衡原理确定平衡块的质量或减重孔应去除的质量。为了弥补估算法的不准确性,平衡块上（或夹具体上）应开有径向槽或环形槽,以便调整。

③夹具的外形轮廓

车床夹具的夹具体应设计成圆形,为保证安全,夹具上的各种元件一般不允许突出夹具体圆形轮廓之外。此外,还应注意切屑缠绕和切削液飞溅等问题,必要时应设置防护罩。

（3）车床夹具的精度分析

车削加工中，因车床夹具随主轴一起回转，工件上被加工成的回转面的轴线就代表车床主轴的回转轴线。工序基准相对于主轴轴线的变化范围就是加工误差，其大小受工件在夹具上的定位误差 ΔD、夹具的位置误差 ΔA 和加工方法误差 ΔG 的影响。

由于工件的加工面是由刀具切削刃的成形运动所形成的，而这种成形运动来源于机床，因此，夹具在机床上安装时，定位元件对机床装夹面的相互位置误差必定导致一定的加工误差。该加工误差称为夹具的位置误差 ΔA。它与下列因素有关：

①夹具定位元件与夹具体基面的位置误差，以 ΔA_1 表示。

②夹具体基面本身的制造误差以及与机床的联接误差，以 ΔA_2 表示。

车床心轴和其他车床专用夹具在机床上的位置误差可按以下方法确定：

①对于心轴，夹具的位置误差 ΔA 就是心轴工作表面的轴线与中心孔或者心轴锥柄轴线间的同轴度误差。

②对于其他车床专用夹具，一般用过渡盘与主轴轴颈联接。当过渡盘是与夹具分离的机床附件时，产生夹具位置误差的因素是：定位元件与夹具体止口轴线间的同轴度误差，或者相互位置尺寸误差；夹具体止口与过渡盘凸缘间的配合间隙，过渡盘定位孔与主轴轴颈间的配合间隙。

6.2.3　任务实施

如图 5.14 所示的横拉杆接头，材料为 HT200，本工序的加工内容和要求是车螺纹 M24×1.5 mm-6H 底孔和螺纹。要求保证以下技术要求：

①M24×1.5 mm-H 底孔和螺纹的直径。该技术要求由工件相对于刀具的加工位置和运动关系保证与夹具无关。

②尺寸 27±0.26 mm。由定位销 7 的台肩面与过渡盘 ϕ92H7 的中心线的距离尺寸精度来保证，如图 6.24 所示尺寸 27±0.08 mm。因为夹具体止口与过渡盘配合（这里过渡盘是联接在夹具上不拆的，看成一个整体），过渡盘又通过 ϕ32H7 与车床联接，从而夹具体的中心线与车床的回转中心重合。只要保证定位销的台肩面与过渡盘 ϕ92H7 的中心线的距离尺寸精度，就能保证尺寸 27±0.26 mm 的精度。

③孔壁厚的均匀是由定心夹紧装置的精度决定的。

方案 1：如图 6.23（a）所示，选端面 A 为第一定位基准，限制 3 个自由度；选 ϕ34$^{+0.05}_{0}$ mm 孔与短销配合定位，限制两个自由度；ϕ32 mm 母线为第三定位基准，限制 1 个自由度。

方案 2：如图 6.23（b）所示，选 ϕ34$^{+0.05}_{0}$ mm 孔与长销配合定位，限制 4 个自由度；选端面 A 为第二定位基准，限制 1 个自由度；ϕ32 mm 中心线为第三定位基准，限制 1 个自由度。

方案 3：如图 6.23（c）所示，选端面 A 为第一定位基准，限制 3 自由度；选 ϕ34$^{+0.05}_{0}$ 孔为第二定位基准，限制两个自由度；ϕ32 mm 中心线为第三定位基准，限制 1 个自由度。

分析和比较以上 3 个方案，方案 1 中选端面 A 限制 3 个自由度，孔 ϕ34$^{+0.05}_{0}$ mm 限制两个自由度符合基准重合的原则，装夹也方便。但由于壁厚只有 4 mm，灰铸铁非加工面误差大，按如图 6.23（a）所示的定位方案不能保证壁厚均匀；方案 2 按如图 6.23（b）所示用定心夹紧装

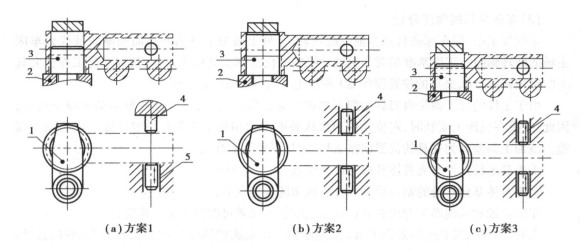

（a）方案1　　　　　　　（b）方案2　　　　　　　（c）方案3

图 6.23　横拉杆接头定位方案分析

1—压板；2—支承板；3—定位销；4—支承钉；5—夹爪

置实现 $\phi32$ mm 中心线定位就克服了方案 1 的缺点，但用孔 $\phi34^{+0.05}_{0}$ mm 限制 4 个自由度，端面 A 限制 1 个自由度，从夹具结构考虑不好。因为定位面直径必然比 M36×1.5 mm-6H 螺孔大，如果用如图 6.23（b）所示的定位方式，相对于 $\phi34^{+0.05}_{0}$ mm 孔的长度而言，它实际上限制了 3 个自由度，形成了过定位；因此，方案 3 更加合理。

（1）定位装置设计

采用如图 6.24 所示带台阶的定位销定位，限制 5 个自由度；采用如图 6.24 所示的定心夹紧装置限制 1 个自由度。保证定位销端面与机床回转中心的距离为 27±0.08 mm。

（2）确定夹紧方案

如图 6.24 所示，用压板夹紧，主要夹紧力朝向端面 A，但夹紧力没有靠近加工表面，所以再用定心联动夹紧机构在 $\phi32$ mm 外圆夹紧。该夹紧机构虽然结构较复杂，但效率高，符合定位要求，特别适合用于大批量生产。

（3）夹具总体结构

夹具结构如图 6.24 所示。当拧紧带肩螺母 9 时，钩形压板 8 将工件压紧在定位销 7 的台肩上，同时使拉杆 6 向上作轴向运动，并通过连接块 3 带动杠杆 5 绕销钉 4 作顺时针转动，于是将楔块 11 拉下，用过两个摆动 V 形块的回转式螺旋压板 12 同时将工件定心压紧，使工件待加工孔的轴线与专用夹具的轴线一致。

（4）夹具误差分析

分析影响加工尺寸 27±0.26 mm（T_{k1}）的加工误差如下：

1）定位误差 ΔD

因基准重合，$\Delta B=0$；又因是平面定位，$\Delta Y=0$。故

$$\Delta D = 0$$

2）夹具位置误差 ΔA

由于此夹具的过渡盘是联接在夹具上不拆的，过渡盘定位圆孔轴线为夹具的安装基准，

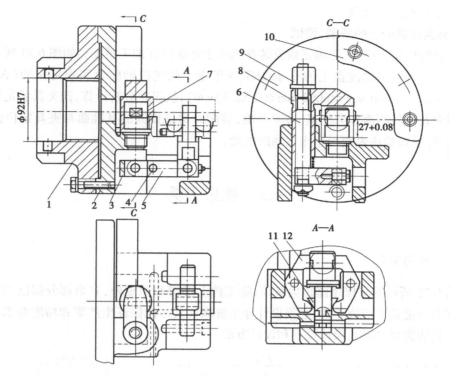

图 6.24 横拉杆接头车床夹具

1—过渡盘；2—夹具体；3—连接块；4—销钉；5—杠杆；6—拉杆；7—定位销；
8—钩形压板；9—带肩螺母；10—平衡块；11—楔块；12—螺旋压板

夹具上定位销的台阶平面与过渡盘定位圆孔轴线间的距离尺寸为 27±0.08 mm。因此

$$\Delta A_1 = 0.016 \text{ mm}$$

过渡盘定位圆孔与主轴轴颈相配合，其配合尺寸为 ϕ92H7/js6，查表得：ϕ92H7 为 ϕ92+0.035 mm，ϕ92js6 为 ϕ92±0.011 mm。因此

$$\Delta A_2 = (0.035 + 0.011) \text{ mm} = 0.046 \text{ mm}$$

$$\Delta A = (0.046 + 0.016) \text{ mm} = 0.062 \text{ mm}$$

若过渡盘是与夹具分离的机床附件，则

$$\Delta A_2 = X_{1max} + X_{2max}$$

式中　X_{1max}——过渡盘定位孔与主轴间的最大配合间隙，mm；

　　　X_{2max}——过渡盘与夹具体止口间的最大配合间隙，mm。

3）对刀误差 ΔT

对刀误差与尺寸 27±0.026 mm 无关，故

$$\Delta T = 0$$

4）加工过程误差 ΔG

取 $\Delta G = 0.52$ mm/3 = 0.173 mm，按式（3.2）得

$$\sqrt{0.062^2 + 0.173^2} = 0.184 \text{ mm} < 0.54 \text{ mm}$$

故夹具尺寸公差设计合理。

（5）夹具在机床上的安装、调试

夹具装配检验合格后，必须正确安装在机床上才能保证加工精度。如图 6.24 所示的横拉杆接头车床夹具是用过渡盘上的孔 ϕ92H7 与车床上的定位轴配合实现定位的（$\Delta A = \Delta A_1 + \Delta A_2 = 0.016\ \text{mm} + 0.046\ \text{mm} = 0.062\ \text{mm} < (0.52/3)\ \text{mm}$），从误差分析计算，该夹具满足要求。通常也可用夹具体外圆面作为校正、检验基准，装配时保证该圆的基准面与夹具定位面的位置精度，安装好后检验该表面与车床主轴的跳动。

6.3　铣床夹具

6.3.1　任务引入

如图 6.25 所示的车床尾座顶尖套筒，除工件上键槽和油槽外，其余部分都已加工好。在普通铣床上大批量生产该零件，必须设计专用铣床夹具才能保证生产率和精度要求。下面学习铣床夹具的类型、结构、设计要点和设计方法。

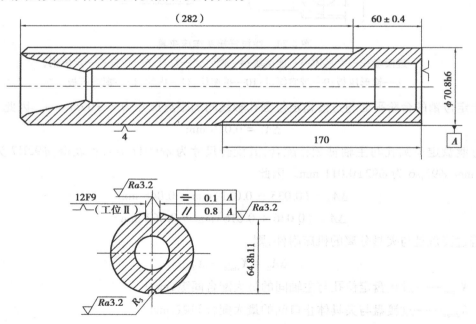

图 6.25　车床顶尖套筒

6.3.2　相关知识

（1）铣床夹具的主要类型

铣床上装夹工件并保证工件的距离尺寸及形位公差要求的工艺装备，称为铣床夹具。铣床夹具主要用于加工平面类、沟槽类、分齿类及成形表面类工件。

铣床的主运动一般是刀具的旋转运动,进给运动一般是由工作台的直线移动和工作台的旋转来实现的。铣床夹具一般是安装在铣床的工作台上,故铣床夹具的结构很大程度上取决于铣床的进给运动方式。铣床夹具一般分为直线进给式、圆周进给式及靠模式夹具 3 种类型。

1)直线进给式铣床夹具

这类夹具随铣床的工作台一起作直线进给运动,应用极为广泛。按照其装夹工件数目的多少,又分为单件铣床夹具和多件铣床夹具。

①单件铣床夹具

单件铣床夹具多用于加工尺寸较大的工件或定位夹紧方式较为特殊的中小型工件。

如图 6.26 所示的杠杆零件,要求铣双斜面、内孔。工件的定位方案选择以前工序已经精加工过的 ϕ22H7 孔及其一端面定位销上定位,限制其 3 个移动和两个转动共 5 个自由度,通过其圆弧面在可调支承上定位,限制其绕 ϕ22H7 孔轴心线的转动自由度。因此,该工件加工的定位方案采用完全定位。采用了可调支承,加工要求一批毛坯需调整一次可调支承的高度。

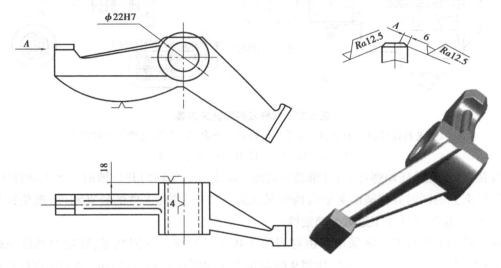

图 6.26　杠杆

如图 6.27 所示为其在卧式铣床上成批加工的铣床夹具。根据主夹紧力指向主要定位表面的原则,该工件的夹紧方案采用了钩形压板 10 将工件夹紧在定位销的端面上,如图 6.27 所示的 A—A 剖面图,导致夹紧力远离加工表面,因此在接近加工表面处,采用由 2,3,5 等元件构成的辅助夹紧机构。夹紧时,转动卡爪连接杆右端的螺母,卡爪 2,3 对向移动。当它们同时与工件接触时,继续转动螺母,通过锥套 5 迫使末端带有 3 条轴向开口槽的卡爪 3 弹性胀开,在将工件夹紧的同时并将辅助夹紧机构锁紧在夹具体中,提高工件的装夹刚性,避免铣削力引起的振动,保证工件加工过程的稳定性。

如图 6.27 所示为其在卧式铣床上成批加工的铣床夹具。根据主夹紧力指向主要定位表面的原则,该工件的夹紧方案采用了钩形压板 10 将工件夹紧在定位销的端面上,如图 6.27 所示的 A—A 剖面图,导致夹紧力远离加工表面,因此在接近加工表面处,采用由 2,3,5 等元件构成的辅助夹紧机构。夹紧时,转动卡爪连接杆右端的螺母,卡爪 2,3 对向移动,当它们同时

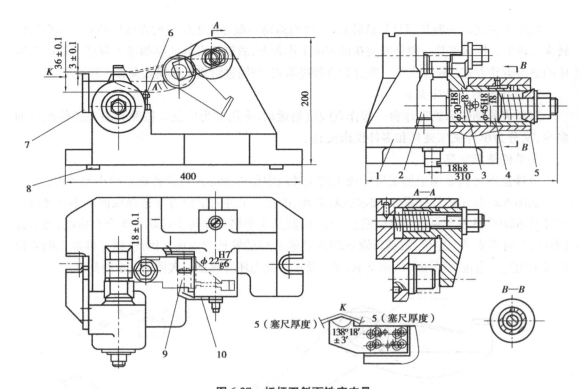

图 6.27　杠杆双斜面铣床夹具

1—夹具体;2,3—卡爪;4—卡爪连接杆;5—锥套;6—可调支承;7—对刀块;
8—定位键;9—定位销;10—钩形压板

与工件接触时,继续转动螺母,通过锥套 5 迫使末端带有 3 条轴向开口槽的卡爪 3 弹性胀开,在将工件夹紧的同时并将辅助夹紧机构锁紧在夹具体中,提高工件的装夹刚性,避免铣削力引起的振动,保证工件加工过程的稳定性。

该工件加工的对刀方案采用了由对刀块 7 和塞尺组成的对刀装置,确定刀具的正确位置,角度对刀块 7 的对称中心与定位销 9 的端面之间的距离为 18±0.1 mm,从而保证杠杆两斜面对称中心与端面之间为 18 mm,因此确定刀具与工件之间的正确位置关系。两斜面之间的夹角由安装在刀杆上的成形铣刀或两把角度铣刀构成的夹角保证。

该夹具通过夹具体的底平面与机床工作台接触,两定位键与机床工作台的 T 形槽相配合,从而限制了夹具沿工作台导轨运动方向的移动自由度外的其余 5 个自由度,保证了夹具与机床之间的正确位置关系,夹具装配时又保证两定位键一侧与定位销 9 的端面垂直。因此,此夹具保证了工件在夹具中有正确位置关系;刀具与工件之间有正确位置关系;夹具与机床之间有正确位置关系,从而保证工件的加工要求。

②多件铣床夹具

如图 6.28 所示为连杆两侧面及槽铣床夹具。该夹具由固定在铣床工作台的基础件和可装卸工件的弹仓组成。工件首先通过 ϕ22H9 和 ϕ10H9 两个孔及其一侧端面在弹仓的圆柱销 12、菱形销 11 和支架的端面上实现完全定位。弹仓 6 每次装满 4 个工件后,通过其圆柱销 10 和 15 以及菱形销 11 和 14,分别装入夹具体上安装孔 5 与 8 及槽口件 4 和 7 中,转动螺母 1,推动钩形压板 2 将工件及弹仓夹紧在夹具体中,实现完全定位。一个夹具至少应配备两个弹仓。

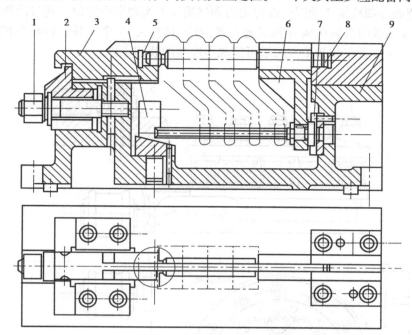

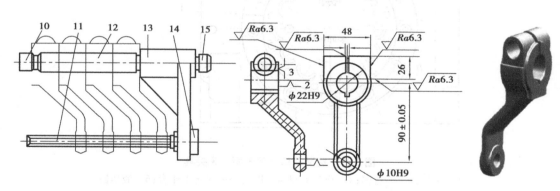

图 6.28　连杆两侧面及槽铣床夹具

1—螺母;2—钩形压板;3—垫块;4,7—槽口件;5,8—安装孔;
6—弹仓;9—夹具体;10,12,15—圆柱销;11,14—菱形销;13—支架

由以上事例可知,采用不同的加工方式设计多件铣床夹具,可不同程度地提高加工效率。对夹具最基本的要求是既能保证加工要求,又能适应生产节拍。因此在设计此类夹具时,应根据加工效率要求,采用联动夹紧机构,气压或液压等动力装置来合理设计夹紧装置;或采取措施使加工时间与装卸工件的时间重合。

2)圆周进给式铣床夹具

这类夹具随铣床的圆工作台一起作旋转运动,多个夹具均布在圆工作台上,可连续加工工件,能在不停车的情况下实现装卸工件,装卸工件的时间与加工时间完全重合,生产效率高,广泛用于大量生产中。

此类夹具主要用于带有回转工作台的专用铣床或安有回转工作台的普通铣床上。

如图 6.29 所示为在立式铣床上安装回转台铣削拨叉叉口上下表面的夹具。工件以其圆柱孔、端面及一侧面在圆柱销 2 的圆柱面与端面和挡销 4 上实现完全定位。通过液压缸 6、拉杆 1 和开口垫圈 3 组成的夹紧机构对其实施夹紧,可同时装夹 12 个工件。回转台的运动由蜗杆蜗轮副传动。操作者在装卸工件区域可实现不停车的装卸工件。

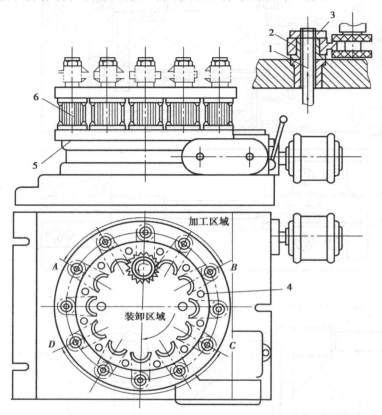

图 6.29 拨叉叉口上下表面铣床夹具

1—拉杆;2—圆柱销;3—开口垫圈;4—挡销;5—回转工作台;6—液压缸

如图 6.30 所示为在双立铣头专用铣床上铣连杆两端平面铣床夹具。连杆以其端平面和大小头圆弧面在夹具体上的支承板和 V 形块上实现完全定位。由于采用双铣头可顺利完成工件两面的粗精加工,因此,两相邻夹具的定位支承板应有高度差,其值与工件的单边加工余量相吻合。操作者在装卸工件区域可实现不停车的装卸和翻转只加工了一面的工件。

此类夹具的加工效率高。在设计时,夹具圆周排列应尽量紧凑,使铣刀的空行程时间缩短到最低程度;尺寸大的夹具,最好不要设计成整体的;夹紧的手柄应沿回转台四周分布;尽量减轻工人的劳动强度和保证其人身安全。

3)靠模式铣床夹具

带有靠模装置的铣床夹具,称为靠模铣床夹具。主要用于专用或通用铣床上加工直线成形表面或圆周成形表面,通过靠模使刀具或工件按靠模曲线轨迹运动,获得满足加工要求的仿形进给运动。按照机床进给运动的方式,此类夹具可分为直线进给靠模铣床夹具和圆周进给靠模铣床夹具。

如图 6.31(a)所示为直线进给式靠模铣床夹具示意图。工件 4 与靠模 2 均安装在夹具上，铣刀滑座5与滚子滑座6轴线之间保持距离k联成一个组合体。该组合体在重锤拉力或强力弹簧的作用下，使安装在滚子滑座上的滚子始终压紧在靠模上。当工作台作纵向直线进给运动时，使铣刀按靠模的曲线轨迹运动，从而加工出工件轮廓曲面。

如图6.31(b)所示为安装在普通立式铣床上的圆周进给式靠模铣床夹具。工件4和靠模2安装在回转台7上的夹具中，回转台安装在工作台上，滚子1固定在床身立柱上，取下铣床滑鞍上的横向丝杠，用强力弹簧将工作台与床身立柱连在一起。回转台的旋转运动由工作台的纵向丝杠经挂轮由蜗杆蜗轮副传动，当回转台作圆周进给运动时，通过靠模、滚子与强力弹簧，使工件按靠模的曲线相似的轨迹运动，从而加工出工件轮廓曲面。

此类夹具加工工件的轮廓精度，很大程度上取决于靠模的轮廓精度，

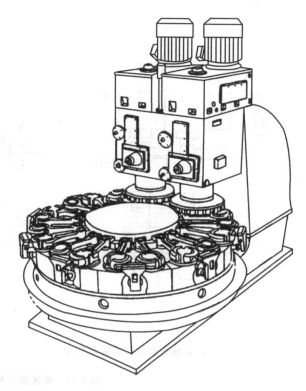

图6.30 连杆两端平面铣床夹

夹具结构复杂，靠模的加工难度大，随着数控技术的发展，靠模式夹具已基本上失去其作用。确有必要设计，可参阅《机床夹具设计手册》进行相关的设计，在此不再详细阐述。

此类夹具加工工件的轮廓精度，很大程度上取决于靠模的轮廓精度，夹具结构复杂，靠模的加工难度大，随着数控技术的发展，靠模式夹具已基本上失去其作用。确有必要设计，可参阅《机床夹具设计手册》进行相关的设计，在此不再详细阐述。

（2）铣床夹具的结构特点及其设计

1）铣床夹具的结构特点

由于铣削加工的效率高，适应性较大，会经常遇到结构形状不规则或多件加工要求的情况，给工件的定位夹紧造成一定的难度，使得装卸工件费时费力。在夹具结构方面，要满足工件的装夹方便快捷，往往会采用快速夹紧、联动夹紧、机械传动装置及动力装置等，从而使夹具结构复杂，给加工、装配及调试带来难度，增加成本。因此，在设计铣床夹具时，其结构的复杂程度，应与生产规模和加工效率相适应；夹具的零部件要便于加工、装配和调试。

2）设计要点

①定位装置与夹紧装置设计

铣削加工的刀具一般为多齿刀具，其切削过程是断续的，一般铣削的切削用量较大，而且铣削力的大小和方向是不断变化的，导致铣削时容易产生振动。因此在设计铣床夹具时，要特别注意工件在定位装置上的稳定性和夹紧机构的可靠性。

定位装置设计时，主要定位支承面要尽可能地大，作为导向定位的元件要尽可能地长（如

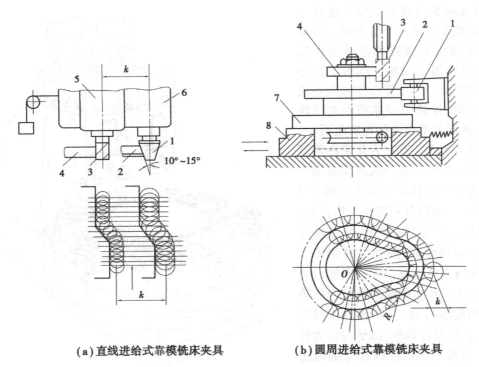

（a）直线进给式靠模铣床夹具　　　（b）圆周进给式靠模铣床夹具

图 6.31　靠模铣床夹具

1—滚子；2—靠模；3—铣刀；4—工件；5—铣刀滑座；
6—滚子滑座；7—回转台；8—回转台座

果由两个支承钉构成，则尽可能相距较远），作为止推用的支承应设在与铣削力相对的工件的强度和刚性好的部位。

夹紧装置设计时，夹紧机构产生的夹紧力应足够，自锁性能要良好。根据夹紧力的方向和作用点的确定原则，合理确定其施力方向和施力点。如果安装刚性不足时，可采用辅助支承、浮动支承或辅助夹紧机构来增加安装刚度。对于切削用量大的手动夹紧，应优先选用螺旋夹紧机构。

②特殊元件设计

铣床夹具的特殊元件有定位键和对刀装置。

A.定位键

定位键是铣床夹具与铣床之间的联接元件，如图 6.27 所示的元件 8。其在夹具体的安装底平面上加工的纵向槽中，用圆柱头螺钉固定，一般为两个。通过其与铣床工作台上定位用 T 形槽的配合，使夹具定位元件的工作表面与机床的运动方向有正确的位置关系。也可通过定位键承受铣削力产生的部分扭矩，减轻夹紧夹具螺栓的载荷，增加夹具在加工过程中的稳定性。

常用的定位键其断面为矩形，已经标准化，其材料为 45 钢，热处理硬度为 40～45HRC，分 A 型和 B 型两种，可选 H7/h6 或 Js6/h6 的配合与夹具体的安装槽相配合，如图 6.32 所示。A 型定位键其与夹具体和工作台 T 形槽的配合尺寸的基本尺寸均为 B，其定位精度不高。定位精度要求较高时，一般选用 B 型定位键，其与工作台 T 形槽的配合尺寸 B_1 留有可按 T 形槽实际尺寸配作的修磨量 0.5 mm。

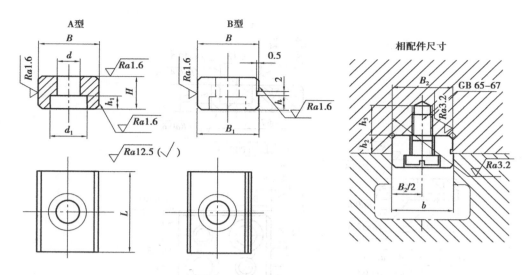

图6.32　定位键(GB 2206—1991)

　　为了提高夹具在机床上的安装精度,定位键在夹具体上的距离应尽可能地远。在安装夹具时,应使两定位键的同一侧面与 T 形槽的一侧面紧贴,同时将夹具紧固在工作台上,避免配合间隙影响夹具的安装精度。

　　定位精度要求高的夹具和大重型夹具,不宜使用定位键,可通过找正定位元件的工作表面或夹具上专门设置的找正基面来确定夹具的正确安装位置,如图 6.33 所示。图 6.33(a)是用标准心轴直接找正 V 形块的中心线,使其与铣床的进给方向平行;图 6.33(b)是直接找正夹具体上的基准平面 A(它也是夹具的装配基准),使其与铣床的进给方向平行。

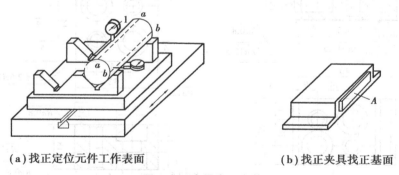

(a)找正定位元件工作表面　　　　　　　　(b)找正夹具找正基面

图6.33　夹具找正安装

B.对刀装置

　　由对刀块和塞尺组成。通过其确定刀具与工件之间的正确位置。对刀块的结构形式与工件的加工表面有关。主要有圆形对刀块,用于加工平面的对刀;方形对刀块,用于组合刀具加工两相互垂直表面的对刀;直角与侧装对刀块,用于加工两相互垂直表面或铣槽时的对刀。它们的结构已经标准化,如图 6.34 所示。除圆形对刀块只用螺钉紧固在夹具体上外,其余的还需用两个销钉来确定其在夹具体上的位置。对刀块在夹具体上的位置应便于使用塞尺对刀和工件的装卸。

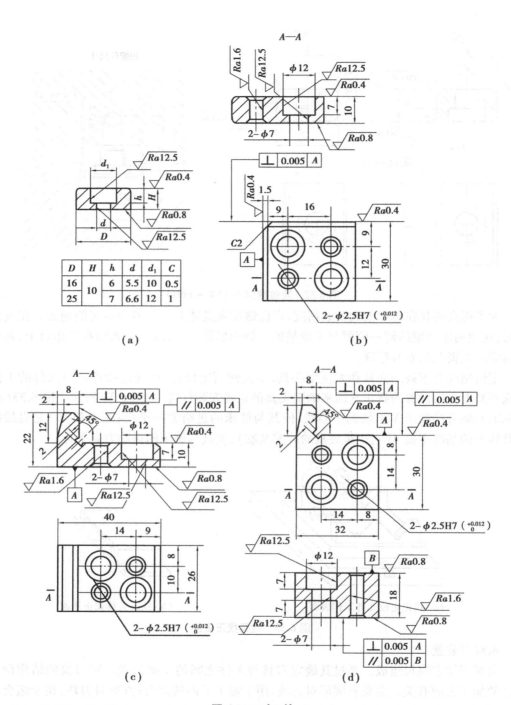

图 6.34　对刀块

使用对刀装置对刀时,为了避免对刀时损害刀具和对刀块工作表面,在刀具与对刀块之间通过塞尺调整刀具的位置。常见的塞尺有平塞尺和圆柱塞尺,其结构已经标准化,如图6.35所示。在夹具装配图上,应标注塞尺的厚度或直径。

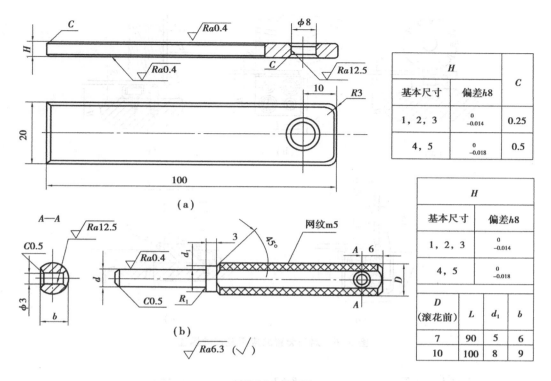

H		C
基本尺寸	偏差h8	
1，2，3	0 −0.014	0.25
4，5	0 −0.018	0.5

H	
基本尺寸	偏差h8
1，2，3	0 −0.014
4，5	0 −0.018

D (滚花前)	L	d_1	b
7	90	5	6
10	100	8	9

图 6.35　塞尺

对刀装置的应用及在夹具装配图上的尺寸标注如图 6.36 所示。其中，S 为平塞尺厚度，d 为圆塞尺直径。对刀块工作表面距水平方向定位基准之间的尺寸为 L；距垂直方向定位基准之间的尺寸为 H。

采用对刀装置对刀时，加工精度一般不超过 IT8 级。当对刀调整要求较高或不便设置对刀块时，可采用试切法、标准件对刀法或用百分表校正定位元件相对于刀具的位置。

③夹具的总体设计及夹具体

铣床夹具的总体结构主要取决于定位、夹紧装置和其他元件的结构和布局情况，同时为了提高铣床夹具在加工过程中的稳定性和抗振性，在进行整体结构设计时，应尽量使各种装置布置紧凑；使工件的加工表面尽可能靠近工作台面，以降低夹具的重心，一般夹具体的高宽之比应为 $H/B \leqslant 1 \sim 1.25$。

夹具体应具有足够的强度和刚性，结合实际情况合理设置加强筋和耳座。常见的耳座结构如图 6.37 所示，尺寸见表 6.1。其结构已经标准化，设计时可查阅《机床夹具设计手册》。

当夹具体的宽度尺寸较大时，可在同一侧设计两个耳座，它们之间的距离应与铣床工作台的两 T 形槽的距离相同。粗加工的铣床夹具应有足够的排屑空间，并考虑切屑的流向，使切屑清理方便。对于重型铣床夹具，应在夹具体上设计吊环，方便吊装和搬运。

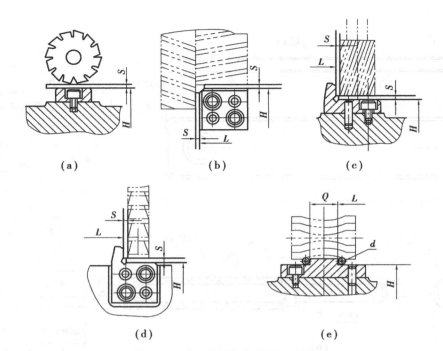

图 6.36 对刀装置的应用及尺寸标注

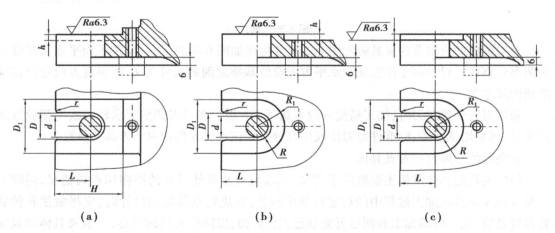

图 6.37 铣床夹具体耳座结构形式

表 6.1 铣床夹具体耳座尺

螺栓直径	D	D_1	h 不小于	L	H	r
8	10	20		16	28	
10	12	24	3	18	32	1.5
12	14	30		20	36	
16	18	38		25	46	
18	20	40	5	26	50	2
20	22	44		28	54	
24	24	50		30	60	
30	36	62	6	38	76	3

6.3.3　任务实施

如图 6.25 所示的车床顶尖套筒零件,工件的外圆及端面均已加工,本工序的加工要求铣削键槽 12F9($^{+0.043}_{0}$mm)和 R3 油槽,保证满足以下 3 项:

①键槽深度为 64.8h11($^{0}_{-0.19}$ mm),轴向长度 60±0.4 mm,键槽中心平面与工件外圆轴心线的对称度为 0.1 mm,平行度为 0.08 mm。

②油槽半径为 3 mm,其圆心在外圆柱面上。油槽长度为 170 mm。

③油槽与键槽的对称中心平面在同一平面。

(1)确定定位方案及定位装置设计

1)确定定位方案

根据键槽的加工要求,需限制除绕轴心线旋转外的其余 5 个自由度。其平行度与对称度的工序基准均为外圆轴心线,轴向长度 60±0.4 mm 的工序基准为工件的右端面。根据基准重合原则,选择工件的轴心线作为主要定位基准,限制 4 个自由度,选择工件的右端面作为止推定位基准,限制轴向移动自由度。

根据油槽的加工要求,应限制工件的 6 个自由度。仍然选择工件的轴心线作为主要定位基准,限制 4 个自由度,选择工件的左端面作为止推定位基准,限制轴向移动自由度,保证油槽与键槽的对称中心平面在同一平面,采用键槽的中心平面作为定位基准,限制工件绕轴心线转动的自由度,实现完全定位。

2)定位装置设计

工件的轴心线作为定位基准时,其定位基面为外圆柱表面。为了便于工件的装卸,选择定位元件为 90°V 形块,其开口尺寸和高度尺寸采用标准尺寸,根据公式

$$H_{定} = H + 0.707d - 0.5N =$$

$$42 + 0.707 \times 70.8 - 0.5 \times 68 = 58.06$$

取公差为±0.02,其余尺寸结合实际情况确定。其结构与尺寸如图 6.38 所示。

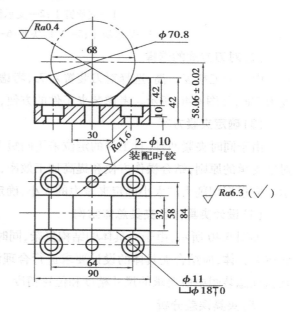

图 6.38　V 形块及其定位高度

由于工件的轴向尺寸较大,选择两短 V 形块组合的形式实现定位。左右端面作为定位基准时选择定位元件为支承钉,由于采用两把刀具同时加工,加工长度相差 112 mm,因此,支承钉 I 和支承钉 II 的距离应是 112 mm。键槽的中心平面作为定位基准时选择 ϕ10h8 防转销 3 与键槽两侧面的配合,实现防转。定位元件的布置情况如图 6.39 所示。

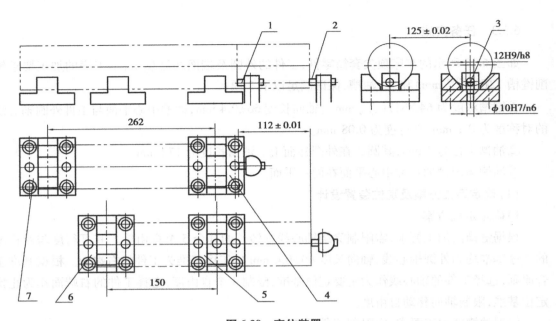

图 6.39　定位装置

1—支承钉Ⅰ;2—支承钉Ⅱ;3—防转销;

4—V 形块Ⅰ;5—V 形块Ⅱ;6—V 形块Ⅲ;7—V 形块Ⅳ

(2)对刀方式的选择

由于加工精度不高,选择对刀装置对刀,考虑夹具的结构紧凑,采用侧装对刀块,塞尺厚度为 5h6,如图 6.40 所示。考虑装夹工件的方便,将对刀装置安在夹具的右侧。

(3)确定夹紧方案

由于同时夹紧两件,且工件的定位采用两短 V 形块组合的形式。根据夹紧力的着力点应对准支承的原则,结合操作方便和提高加工效率,采用联动夹紧机构和机动夹紧,如图 6.40 所示。应根据切削力的大小确定夹紧力的大小,确定力源装置。

(4)设计夹具体及夹具总体结构

如图 6.40 所示,由于夹具体的结构复杂,同时考虑夹具的强度、刚度和工艺性要求,采用铸造夹具体,应结合夹具体的设计要求进行合理设计。为了保证夹具的各项精度,装配时必须保证总装图中所要求的尺寸精度和位置精度。

(5)夹具误差分析

1)对于尺寸 $64.8h\,11(^{\ 0}_{-0.19})$ mm

①定位误差 ΔD

由于尺寸 $64.8h\,11(^{\ 0}_{-0.19})$ mm 的工序基准是 $\phi70.8h\,6(^{\ 0}_{-0.19})$ mm 的母线,定位基准是其中心线,所以 $\Delta B = 0.019$ mm$/2 = 0.009\,5$,V 形块定位时,$\Delta Y = (0.07 \times 0.019)$ mm $= 0.013\,4$ mm,故

$$\Delta D = \Delta Y - \Delta B = (0.013\,4 - 0.009\,5)\text{mm} = 0.003\,9\text{ mm} < 0.19/3\text{ mm}$$

②夹具的位置误差

如图 6.40 所示,由于 V 形块的中心高与尺寸 64.8h11 无关,故

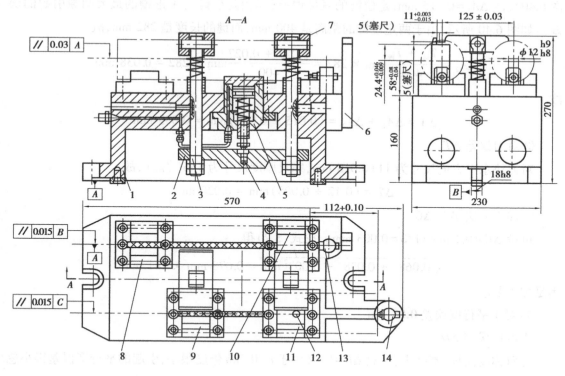

图 6.40　车床座套筒键槽与油槽铣床夹具

1—夹具体;2—滑动杠杆;3—螺杆;4—承压钉;5—液压缸;6—对刀块;7—压板;

8,9,10,11—V 形块;12—防转销;13,14—止推销

$$\Delta A = 0$$

③对刀误差 ΔT

对刀块垂直方向尺寸为 24.4±0.015 mm,塞尺厚度尺寸为 $5\text{h}6\left(^{\ 0}_{-0.008}\right)$ mm,所以

$$\Delta T = (0.03 + 0.008)\,\text{mm} = 0.038\ \text{mm}$$

④加工方法误差 ΔG

可设 $\Delta G = 0.19$ mm×1/3 = 0.063 mm。按式(3.2)得

$$\sqrt{0.003\ 9^2 + 0.038^2 + 0.063^2}\ \text{mm} = 0.074\ \text{mm} < 0.19\ \text{mm}$$

故满足加工要求。

2)对于对称度误差 0.1 mm

①定位误差 ΔD

由于对称度的工序基准是 $\phi70.8\text{h}6$ 轴心线,定位基准也是此轴心线,所以 $\Delta B = 0$;又由于 V 形块的对中性好,$\Delta Y = 0$,故

$$\Delta D = 0$$

②夹具的安装误差 ΔA

影响对称度的夹具安装误差有 V 形块中心轴线对定位键侧面 B 的平行度 0.015 mm(见

图 6.40),故 $\Delta A_1 = 0.015$ mm;定位键的联接误差(是由定位键与 T 形槽的最大间隙引起的误差):如图 6.40 所示,由于两定位键的距离是 400 mm,而键的长度是 282 mm,故

$$\Delta A_2 = \frac{T_{链} + T_{槽}}{400} \text{mm} \times 282 = \frac{0.027 + 0.027}{400} \text{mm} \times 282 = 0.038 \text{ mm}$$

故

$$\Delta A = \Delta A_1 + \Delta A_2 = (0.015 + 0.038) \text{mm} = 0.053 \text{ mm}$$

③对刀误差 ΔT

对刀块水平方向尺寸为 11±0.015 mm,塞尺厚度尺寸为 5h6($^{0}_{-0.008}$),故

$$\Delta T = (0.12 + 0.008) \text{mm} = 0.020 \text{ mm}$$

④加工方法误差 ΔG

可设 $\Delta G = 0.1$ mm×1/3 = 0.003 mm。按式(3.2)得

$$\sqrt{0.068^2 + 0.038^2 + 0.003^2} \text{mm} = 0.078 \text{ mm} < 0.1 \text{ mm}$$

满足加工要求。

3)对于平行度误差 0.08 mm

①定位误差 ΔD

与对称度同理,基准重合,故 $\Delta B = 0$;又由于 $\phi70.8$h6 锥度很小,引起的平行度误差很小忽略不计,$\Delta Y = 0$,故

$$\Delta D = 0$$

②夹具的安装误差 ΔA

如图 6.40 所示,夹具安装时用心轴校正,保证 V 形块中心线与机床的平行度 0.05 mm,故

$$\Delta A = 0.05 \text{ mm}$$

③对刀误差 ΔT

应为对到尺寸与平行度没有关系,故

$$\Delta T = 0$$

④加工方法误差 ΔG

可设 $\Delta G = 0.08$ mm×1/3 = 0.027 mm。按式(3.2)得

$$(0.03 + 0.027) \text{mm} = 0.057 \text{ mm} < 0.08 \text{ mm}$$

故满足加工要求。

(6)夹具在机床上的安装、调试

夹具装配检验合格后,必须正确安装在机床上才能保证加工精度。如图 6.40 所示的车床尾座套筒键槽与油槽铣床夹具,是通过夹具体下表面与工作台接触限制 3 个自由度,夹具体底面的定位键与机床 T 形槽配合限制两个自由度。然后通过放在 V 形块上的心棒检验、校正各精度,保证 V 形块的定位中心与机床的进给方向平行。如果安装时图 6.40 的平行度 0.05 mm超差,可通过修磨 V 形块上的淬硬垫块修正,直到达到要求。

6.4 钻床夹具

6.4.1 任务引入

如图 6.41 所示的零件,除 $\phi14H7$ 孔外,其余部分都已加工好。在立式钻床上批量生产该零件,必须设计专用钻床夹具才能保证生产率和精度要求。下面学习钻床夹具的类型、结构、设计要点和设计方法。

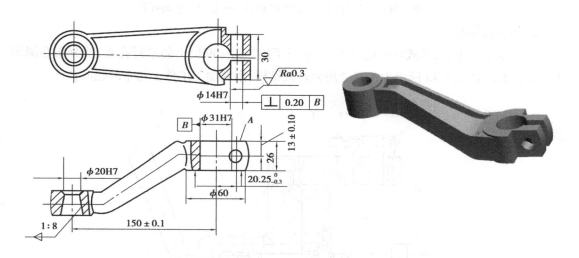

图 6.41 摇臂零件简图

6.4.2 相关知识

钻床夹具,一般习惯上称为钻模。它是在钻床上进行孔的钻、扩、铰、锪、攻螺纹的机床夹具。钻床夹具主要在摇臂钻、立式钻床上使用。钻模加工时,借助于钻套确定刀具的位置和引导刀具的进给方向,被加工孔的尺寸精度主要是由刀具本身的精度来保证,而孔的坐标位置精度,则由钻套在夹具上的位置精度来确定,并能防止刀具在加工过程中发生倾斜。

(1)钻模的主要类型和结构

钻模的类型很多,常用的有固定式、回转式、移动式、滑柱式、盖板式及翻转式等类型。

1)固定式钻模

工件在钻床上进行加工的整个过程中位置都不移动的钻床夹具称为固定式钻模,如图6.42所示。在阶梯轴工件的大端钻径向孔,工序图已确定了定位基准,钻模上采用 V 形块及其端面和限制角度自由度的手动拔销定位,限制 6 个自由度,用偏心压板夹紧。

固定式钻模用于立式钻床时,一般只能加工单孔,用于摇臂钻床时,则常加工位于同一钻削方向上的平行孔系。加工直径大于 10 mm 的孔时,则需将钻模固定,以防止工件因受切削力矩而转动。此类夹具钻孔位置精度较高,但装卸麻烦,效率较低。

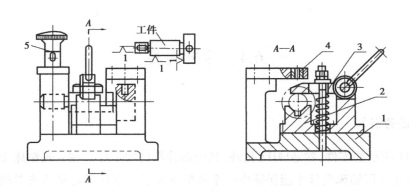

图 6.42　固定式钻模

1—夹具体;2—V 形块;3—偏心压板;4—钻套;5—手动拔销

2)回转式钻模

在钻削加工中,回转式钻模使用较多,它用于加工同一圆周上的平行孔系,或分布在圆周上的径向孔。如图 6.43 所示为一套专用回转式钻模,用其加工工件上均布的径向孔。

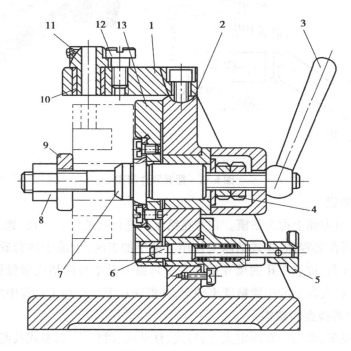

图 6.43　回转式钻模

1—钻模板;2—夹具体;3—手柄;4,8—螺母;5—把手;6—对定销;7—圆柱销;
9—快换垫圈;10—衬套;11—钻套;12—螺钉;13—分度盘

工件以端面及内孔作为定位基面,在圆柱销 7 的大端面和外圆上定位,限制 5 个自由度。放上快换垫圈 9,用螺母 8 夹紧。钻好一个孔后,用手柄 3 松开锁紧机构,通过把手 5 拔出对定销,转动分度盘 13 到下一个位置,插入对定销定位,用手柄 3 锁紧。从而保证工件上的各孔之间的角度。

3）移动式钻模

这类钻模用于钻削中、小型工件同一表面上的多个孔。如图 6.44 所示为移动式钻模,用于加工连杆大、小头上的孔。工件以端面及大小头圆弧面作为定位基面,在定位套 12,13,固定 V 形块 2 及活动 V 形块 7 上定位,限制 6 个自由度。首先通过手轮 8 推动活动 V 形块 7 压紧工件,然后转动手轮 8 带动螺钉 11 转动,压迫钢球 10,使两片半月键 9 向外胀开而锁紧。V形块带有斜面,使工件在夹紧分力的作用下与定位套贴紧;通过移动钻模,使钻头分别在两个钻套 4,5 中导入,从而保证工件上两个孔之间的距离。

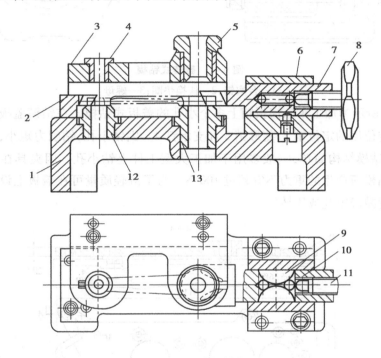

图 6.44 移动式钻模

1—夹具体;2—固定 V 形块;3—钻模板;4,5—钻套;6—支架;7—活动 V 形块;

8—手轮;9—半月键;10—钢球;11—螺钉;12,13—定位套

4）翻转式钻模

这类钻模主要用于加工中小型工件分布在不同表面上的孔。如图 6.45 所示为加工套筒上 4 个径向孔的翻转式钻模。工件以内孔及端面在台肩销 1 上定位,限制 5 个自由度。用快换垫圈 2 和螺母 3 夹紧。钻完一组孔后,翻转 60°钻另一组孔。该夹具的结构比较简单,但每次钻孔都需找正钻套相对钻头的位置,故辅助时间较长。因为翻转费力,所以夹具连同工件的总质量不能太重,其加工批量也不宜太大。

5）盖板式钻模

这类钻模没有夹具体,钻模板上除钻套外,一般还装有定位元件和夹紧装置,只要将它覆盖在工件上即可进行加工。

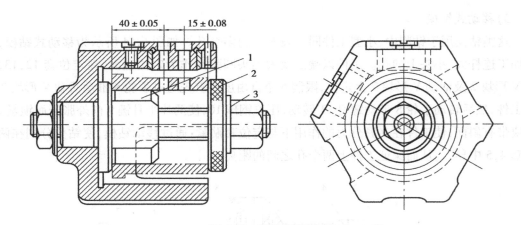

图 6.45 翻转式钻模

1—台肩销;2—快换垫圈;3—螺母

如图 6.46 所示为加工车床溜板箱上多个小孔的盖板式钻模。在钻模盖板 1 上不仅装有钻套,还装有定位用的定位销 2、菱形销 3 和支承钉 4。因钻小孔,钻削力矩小,故没设置夹紧装置。盖板式钻模结构简单,一般多用于加工大型工件上钻小孔。因夹具在使用时经常搬动,故盖板式钻模所产生的重力不宜超过 100 N。为了减轻质量可在盖板上设置加强肋以减小其厚度,设置减轻窗孔或用铸铝件。

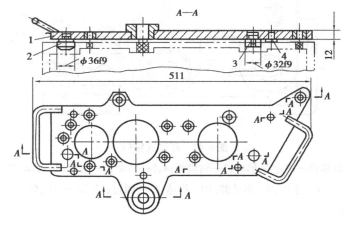

图 6.46 盖板式钻模

1—钻模盖板;2—定位销;3—菱形销;4—支承钉

6)滑柱式钻模

这种钻模在生产中得到了广泛的应用,其结构已经通用化。若按其夹紧动力来分类,它有手动(见图 6.47)和气动(见图 6.48)两种。

如图 6.47 所示,钻模板 1 上除装钻套外,还装有可在夹具体 4 的内孔上下移动的滑柱 8 及齿条滑柱 2,借助于齿条的上下移动,可对安装在底座平台上的工件进行夹紧或松开。如图 6.47 所示的右下角图为手动升降的锁紧原理图。齿条滑柱 2 上的齿条与装于齿轮轴 5 的 45°螺旋齿轮相啮合。齿轮轴右端为具有自锁性能的双向圆锥体结构。移动手柄 6 抬起钻模板至一定高度后,钻模板受阻,传给齿条的轴向分力使齿轮轴右移,而双锥体的右锥面与套环7的内锥面接触而自锁。夹紧工件后,则传给齿轮轴的轴向分力将会使左锥与夹具体的内锥接触而自锁。

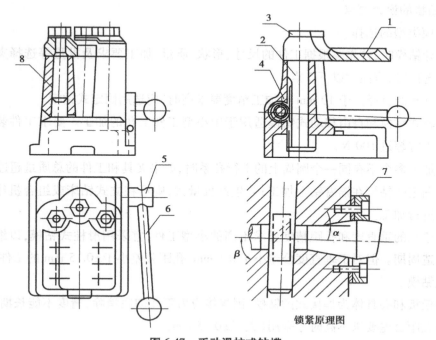

锁紧原理图

图 6.47　手动滑柱式钻模

1—钻模板;2—齿条滑柱;3—锁紧螺母;4—夹具体;
5—螺旋齿轮轴;6—手柄;7—套环;8—滑柱

如图 6.48 所示为气动滑柱式钻模。由于钻模板的上下移动是由双作用式活塞推动,因此,它的结构简单,不需要机械锁紧,动作迅速,效率高。

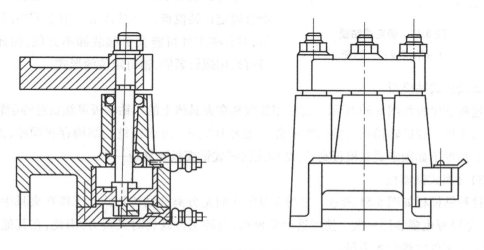

图 6.48　气动滑柱式钻模

滑柱式钻模现已系列化、规格化,选用时可查阅有关手册。应用此类钻模时,只需在所定的钻模板上设计钻套位置和钻套结构;在夹具工作平台上设计工件定位装置的位置和定位元件的结构;然后再将两者进行装配,并注上有关技术要求即可。

(2)钻模的设计要点

1)钻模类型的选择

在设计钻模时,首先要根据工件的尺寸、形状、质量、加工要求及批量等选择夹具的结构类型。在选择时,应注意以下 5 点:

①被钻孔的直径大于 10 mm 或加工精度要求高时,应选用固定式钻模。

②翻转式钻模和自由移动式钻模适用于中小型工件上孔的加工。要求工件装入夹具后的总质量不宜超过 100 N。

③当加工多个不在同一个圆周上的平行孔系时,如果夹具和工件的总质量超过了 150 N,则宜采用固定式钻模在摇臂钻上加工;若生产批量大,则可在立式钻床或组合机床上采用多轴传动头进行加工。

④对于孔的垂直度和孔距精度要求不高的小型工件,宜采用滑柱式钻模,以缩短夹具的设计与制造周期。但对于垂直度公差小于 0.1 mm,孔距公差小于 ±0.15 mm 的工件,则不宜采用滑柱式钻模。

⑤钻模板和夹具体为焊接式的钻模,因焊接应力不能彻底消除,精度不能长期保持,故一般在工件孔距公差要求不高时才采用(大于 ±0.15 mm)。

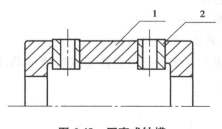

图 6.49　固定式钻模

1—钻模板;2—钻套

2)钻模板的结构和选择

用于安装钻套的钻模板,按其与夹具体联接的方式,可分为固定式、铰链式、分离式及悬挂式等。

①固定式钻模板

这种钻模板如图 6.49 所示。其钻套多采用过盈配合固定在钻模板或夹具体上。由于采用固定式结构,对有些工件可能会引起装卸不方便,因此,钻模板可采用螺钉紧固,销钉定位的形式。

②铰链式钻模板

这种钻模板如图 6.50 所示。它是用铰链装在夹具体上的。钻模板可绕铰链轴翻转,以便于装卸工件。铰链轴销孔与轴销的配合一般为 H7/g6。由于铰链的结构存在间隙,因此,它的加工精度不如固定式钻模板高,其结构比固定式钻模板要复杂一些。

3)分离式钻模板

这种钻模板如图 6.51 所示。它与夹具体之间是分离的结构形式。工件在夹具中每装卸一次,钻模板也要装卸一次。使用这种钻模板,装卸工件既费时又费力,因此,在其他钻模不便于装卸工件的场合才采用。

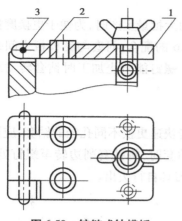

图 6.50　铰链式钻模板

1—钻模板；2—钻套；3—铰链

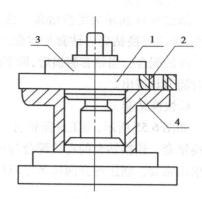

图 6.51　分离式钻模板

1—钻模板；2—钻套；3—压板；4—工件

4)悬挂式钻模板

如图 6.52 所示,钻模板是悬挂在机床主轴上,由机床主轴带动与工件靠紧或离开。它与夹具体的相对位置由滑柱来确定的。这是因为钻模板 4 悬挂在滑柱 2 上,通过弹簧 5 和主轴箱主轴联接。这种钻模板多与组合机床的多轴头联用。

5)钻套的设计与选择

钻套的主要作用是确定被加工孔的位置和引导刀具进行加工。

①钻套的类型

按钻套的结构和使用情况,可分为固定钻套、可换钻套、快换钻套及特殊钻套 4 大类。

A.固定钻套

如图 6.53 所示,它分为 A,B 型两种。钻套安装在钻模板中,其配合为 H7/n6 或 H7/r6。固定钻套结构简单,钻孔精度高,但磨损后不易更换,主要适用于单一钻孔工序和小批生产。为了防止切屑进入钻套孔内,钻套的上下端应以稍高出钻模板为宜。

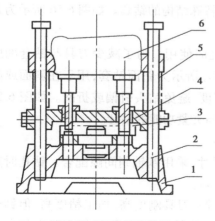

图 6.52　悬挂式钻模板

1—夹具体；2—滑柱；3—工件；4—钻模板；

5—弹簧；6—主轴箱

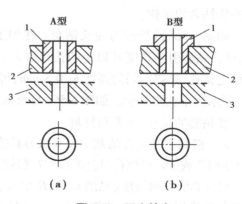

图 6.53　固定钻套

1—钻套；2—钻模板；3—工件

173

B.可换钻套

如图 6.54 所示为可换钻套。当工件为单一钻孔工步的大批量生产时,为便于更换磨损的钻套,选用可换钻套。钻套与衬套之间采用 F7/m6 或 F7/k6 的配合,衬套与钻模板之间采用 H7/n6 的配合。当钻套磨损后,卸下螺钉,更换新的钻套。螺钉能防止加工时钻套转动或退刀时随刀具拔出。

C.快换钻套

如图 6.55 所示,当工件需钻、扩、铰多工步加工时,为能快速更换不同孔径的钻套,应选用快换钻套。快换钻套的有关配合与可换钻套相同。更换钻套时,将钻套削边转至螺钉处,即可取出钻套。削边的方向应考虑刀具的旋向,以免钻套随刀具自行拔出。

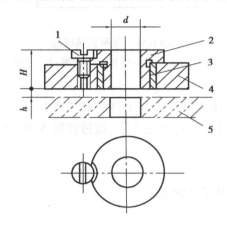

图 6.54　可换钻套

1—螺钉;2—钻套;3—衬套;
4—钻模板;5—工件

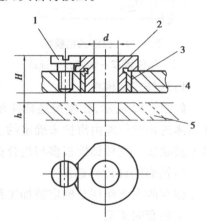

图 6.55　快换钻套

1—螺钉;2—钻套;3—衬套;
4—钻模板;5—工件

以上 3 类钻套已标准化,其结构参数、材料和热处理方法等可查阅有关手册。

D.特殊钻套

由于工件形状或被加工孔位置的特殊性,需要设计特殊结构的钻套。如图 6.56 所示为几种特殊钻套的结构。

如图 6.56(a)所示为加长钻套。在加工凹面上的孔时使用。为了减少刀具与钻套的摩擦,可将钻套引导高度 H 以上的孔径放大。如图 6.56(b)所示为斜面钻套,用于在斜面或圆弧面上钻孔,排屑空间的高度 $h<0.5$ mm,可增加钻头刚度,避免钻头引偏或折断。如图 6.56(c)所示为小孔距钻套。如图 6.56(d)所示为兼有定位与夹紧功能的钻套。

②钻套的尺寸、公差和材料

a.一般钻套导向孔的基本尺寸取刀具的最大极限尺寸,采用基轴制间隙配合。钻孔时其公差用 F7 或 F8,粗铰孔时公差取 G7,精铰孔时公差取 G6。

b.钻套的导向高度(见图 6.56)H 增大,则导向性能好,刀具刚度高,加工精度高,但钻套与刀具的磨损加剧。一般取 $H=1\sim2.5d$(其中,d 为钻套孔径)。对于加工精度要求较高的孔,或被加工孔较小其钻头刚度较差时,应取较大值;反之,应取较小值。

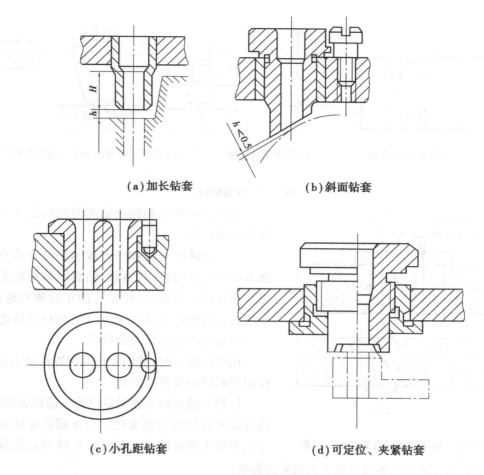

(a)加长钻套   (b)斜面钻套

(c)小孔距钻套   (d)可定位、夹紧钻套

图 6.56 特殊钻套

c.排屑空间(见图 6.56)h 是指钻套底部与工件表面之间的空间。增大 h 值,排屑方便,但刀具的刚度和孔的加工精度都会降低。钻削易排屑的铸铁时,一般取 $h = (0.3 \sim 0.7)d$;钻削较难排屑的钢件时,一般取 $h = (0.7 \sim 1.5)d$。工件精度要求高时,可取 $h = 0$,使切屑全部从钻套中排出。

在加工过程中,钻套与刀具产生摩擦,故钻套必须有较高的耐磨性。当钻套孔径 $d \leqslant$ 26 mm 时,T10A 钢制造,热处理硬度为 58~64HRC;当 $d > 26$ mm 时,用 20 钢制造,渗碳深度为 0.8~1.2 mm,热处理硬度为 58~64HRC。

6)支脚的设计

为了减少夹具体与机床工作台的接触面积,使夹具能平稳地放置,翻转式钻模和移动式钻模一般都在钻头进给方向相对应的夹具体上设置支脚。其结构形式如图 6.57 所示。支脚可以是装配式或与夹具体做成一体的整体式,但要应注意以下 4 点:

①支脚为 4 个,要在同一平面上,若其一脚下垫有切屑时,稍摇晃钻模即可发现,这样可及时避免折断钻头或出现废品的可能。

②矩形截面支脚的宽度或圆形截面支脚的直径需大于工作台上 T 形槽的宽度,以免支脚陷入槽内。

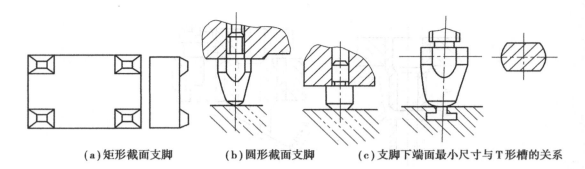

（a）矩形截面支脚　　　（b）圆形截面支脚　　　（c）支脚下端面最小尺寸与T形槽的关系

图6.57　支脚结构

③夹具的重心和轴向钻削力均须在4个支脚所围的面积内。

④钻套轴线与支脚所形成的平面应垂直。如图6.45所示的翻转式钻模,钻套线需与相关支脚形成的平面相垂直,以使钻孔能正常顺利地进行。它能防止折断钻头,保证被加工孔的位置精度。

7）钻床夹具的误差分析

用钻模加工时,被加工孔的位置精度主要受定位误差和导向误差的影响。

钻模上的导向装置对定位元件的位置不准确,将导致刀具位置发生变化。由此而造成的加工尺寸误差即为导向误差。采用如6.58所示的导向装

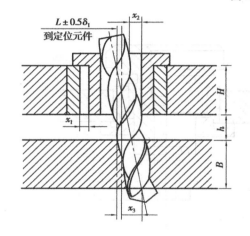

图6.58　与导向装置有关的加工误差

置时,导引孔的轴线位置误差受下列因素的影响:

δ_1——钻模板底孔与定位元件之间的尺寸公差;

e_1——快换钻套内、外圆的同轴度公差;

e_2——衬套内、外圆的同轴度公差;

x_1——快换钻套和衬套的最大配合间隙。

刀具引导部位的直径误差,也使刀具偏离规定的位置。因此,应一并考虑其对加工尺寸的影响,即

x_2——刀具(引导部位)与钻套的最大配合间隙;

x_3——刀具在钻套中的偏斜量,其值为

$$x_3 = \frac{x_2}{H}\left(B + h + \frac{H}{2}\right)$$

式中 B、h、H 代表的意义如图6.58所示。

在加工短孔时,x_3 按刀具平移计算。

因各项误差不可能同时出现最大值,故对于这些随机性变量按概率法合成为

$$\Delta T = \sqrt{\delta_1^2 + e_1^2 + e_2^2 + x_1^2 + (2x_3)^2}$$

6.4.3 任务实施

如图 6.41 所示为摇臂。本工序的加工内容和要求如下:

①在立式钻床上钻 $\phi 14$ mm 孔,保证其轴心线与孔 $\phi 31H7$ 轴心线的距 $20.25_{-0.3}^{0}$ mm。

②保证 $\phi 14$ mm 孔轴心线与孔 $\phi 31H7$ 孔轴心线的垂直度 0.20 mm。

③保证 $\phi 14$ mm 孔轴心线与 A 面的距离 13 ± 0.1 mm。

(1)确定定位方案及定位装置设计

1)确定定位方案

根据加工要求,该零件除了可不限制沿 $\phi 14$ mm 孔轴线方向的自由度之外,其余 5 个自由度必须要限制才能满足加工要求。

方案 1:如图 6.59(a)所示,根据基准重合原则,长圆柱销 1 与工件 $\phi 31H7$ 孔接触定位,限制 4 个自由度;工件 A 面与长圆柱销 1 小端面接触,限制 1 个自由度;支承钉 2 与工件小头外圆侧面接触,限制 1 个自由度。

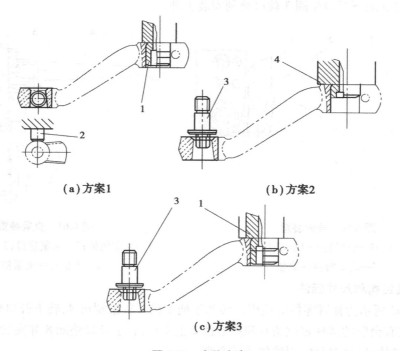

(a)方案1　　　　　　　　(b)方案2

(c)方案3

图 6.59　定位方案

1—长圆柱销;2—支承钉;3—菱形销;4—短圆柱销

方案 2:如图 6.59(b)所示,工件 A 面与短圆柱销 4 大端面接触,限制 3 个自由度;工件 $\phi 31H7$ 孔与短圆柱销 4 接触,限制两个自由度;$\phi 20H7$ 孔的中心线用菱形销 3 定位,限制 1 个自由度。

方案 3:如图 6.59(c)所示,综合以上两个方案,长圆柱销 1 与工件 $\phi 31H7$ 孔接触定位,限制 4 个自由度;工件 A 面与长圆柱销 1 小端面接触,限制 1 个自由度;$\phi 20H7$ 孔的中心线用菱形销 3 定位,限制 1 个自由度。

对比分析以上 3 个方案,由于小头外圆非加工面,铸件的误差大,用支承钉在其侧面定位时,不能保证 $\phi14H7$ 轴心线与孔 $\phi20H7$ 保持位置关系。因此,方案 1 不合理;用方案 2 基准不重合,不利于保证加工孔与 $\phi31H7$ 孔轴心线的垂直度;方案 3 综合了前两个方案的优点,便于保证各尺寸和位置误差。

2)定位装置设计

采用如图 6.59(c)所示带台阶的长圆柱销,限制 5 个自由度(小端面限制 1 个自由度,长销限制 4 个自由度),用菱形销限制一个自由度。

(2)确定导向方案

因为该夹具只钻削 $\phi14\ mm$ 一个孔,采用固定式钻套精度高。由于工件小,装夹方便,钻模板 2 为固定式结构,如图 6.60 所示。刀具选用 $\phi14F8$ 麻花钻。

(3)确定夹紧方案

夹紧装置如图 6.61 所示。用螺旋夹紧机构,结构简单、装夹方便。夹紧螺钉 2 从长定位销 1 中心的孔中穿过,用尾部的压紧螺母 5 夹紧工件。夹紧螺钉头的尺寸小于 $\phi31\ mm$,只要松开压紧螺母 5 取下开口垫圈 3 就可顺利安装工件。

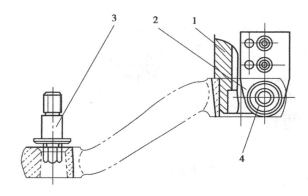

图 6.60 导向装置

1—长圆柱销;2—钻模板;
3—菱形销;4—钻套

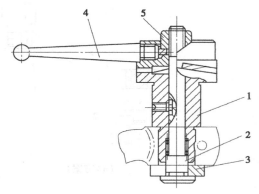

图 6.61 夹紧装置

1—长定位销;2—夹紧螺钉;3—开口垫圈;
4—手柄;5—夹紧螺母

(4)夹具结构和尺寸标注

如图 6.62 所示为摇臂零件的钻模。转动手柄 1 松开压紧螺母 4,转下开口垫圈 8 并装入工件,使其在有台阶的圆柱定位销 6 和菱形销 2 上定位,转上开口垫圈 8 并夹紧工件。

由于夹具体结构较复杂,用铸件比较合理。

为了保证夹具的各项精度,装配时必须保证总装图中所要求的尺寸精度和位置精度。

(5)误差分析

1)尺寸 $20.15_{-0.30}^{0}$ mm

①定位误差 ΔD

由于尺寸 $20.15_{-0.30}^{0}$ 的工序基准是 $\phi31H7$($\phi31_{0}^{+0.025}$ mm)孔的中心线,定位基准也是其中心线,基准重合,故 $\Delta B=0$;又由于定位销的尺寸是 $\phi31h6$($\phi31_{-0.016}^{0}$ mm),故

$$\Delta D = \Delta Y = (0.025 + 0.016)\ mm = 0.041\ mm$$

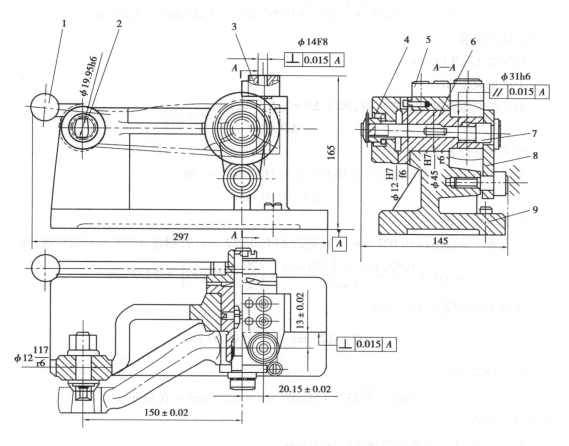

图 6.62　摇臂钻床夹具

1—手柄；2—菱形销；3—钻套；4—压紧螺母；5—钻模板；6—圆柱定位销；
7—压紧螺钉；8—开口垫圈；9—夹具体

②夹具的位置误差 ΔA

如图 6.61 所示，夹具装配时的技术要求为 20.15±0.02 mm，故

$$\Delta A = 0.04 \text{ mm}$$

③导向误差 ΔT

由于钻套的尺寸为 $\phi 14 F8$（$\phi 14 + 0.027$ mm），由有关资料查得麻花钻的尺寸为 $\phi 14 - 0.022$ mm（磨损量 0.006 mm），故

$$\Delta T = \frac{0.027 \text{ mm} + 0.028 \text{ mm}}{20 \text{ mm}} \times \left(\frac{20}{2} + 3 + 30 \right) \text{ mm} = 0.237 \text{ mm}$$

（尺寸 20，3，30 分别是钻套长度、排屑空间、孔深）

④加工方法误差 ΔG

可设

$$\Delta G = 0.20 \text{ mm} \times 1/3 = 0.067 \text{ mm}$$

按式（3.2）得

$$\sqrt{0.041^2 + 0.04^2 + 0.237^2 + 0.067^2}\,\text{mm} = 0.253\,\text{mm} \ < \ 0.30\,\text{mm}$$

故满足加工要求。

2)尺寸 13±0.15 mm

①定位误差 ΔD

由于基准重合又是平面定位,所以 $\Delta B = 0$,$\Delta Y = 0$,故

$$\Delta D = 0$$

②夹具的位置误差

如图 6.61 所示,夹具装配时的技术要求为 16±0.02 mm,故

$$\Delta A = 0.04\,\text{mm}$$

③导向误差 ΔT

也是由于钻套 $\phi 14+0.027$ mm 与麻花钻 $\phi 14-0.022$ mm(磨损量 0.006 mm)的影响,故

$$\Delta T = \frac{0.027\,\text{mm} + 0.028\,\text{mm}}{20\,\text{mm}} \times \left(\frac{20}{2} + 3 + 30\right) = 0.237\,\text{mm}$$

④加工方法误差 ΔG,可设

$$\Delta G = 0.20\,\text{mm} \times \frac{1}{3} = 0.067\,\text{mm}$$

按式(3.2)得

$$\sqrt{0.04^2 + 0.237^2 + 0.067^2}\,\text{mm} = 0.25\,\text{mm} \ < \ 0.30\,\text{mm}$$

故满足加工要求。

3)与 $\phi 31H7$ 孔轴心线的垂直度 0.20 mm

①定位误差 ΔD

由于基准重合,所以 $\Delta B = 0$。

又由于定位孔的尺寸是 $\phi 31H7$($\phi 31 + 0.025$ mm),定位销的尺寸是 $\phi 31h6$($\phi 31 - 0.016$ mm),故

$$\Delta D = \Delta Y = (0.025 + 0.016)\,\text{mm} = 0.041\,\text{mm}$$

②夹具的位置误差

如图 6.61 所示,定位销和钻套与 A 面的平行度都为 0.015 mm,故

$$\Delta A = (0.015 + 0.015)\,\text{mm} = 0.03\,\text{mm}$$

③导向误差 ΔT

由于钻套 $\phi 14^{+0.027}_{0}$ mm 与麻花钻 $\phi 14^{0}_{-0.022}$ mm(磨损量 0.006 mm)的影响,故

$$\Delta T = 2 \times \frac{0.027 + 0.028}{20} \times 30\,\text{mm} = 0.165\,\text{mm}$$

④加工方法误差 ΔG

可设

$$\Delta G = 0.15\,\text{mm} \times 1/3 = 0.05\,\text{mm}$$

按式(3.2)得

$$\sqrt{0.041^2 + 0.03^2 + 0.165^2 + 0.05^2} \, mm = 0.18 \, mm < 0.2 \, mm$$

满足加工要求。

(6)夹具在机床上的安装、调试

夹具装配检验合格后,必须正确安装在机床上才能保证加工精度。如图 6.62 所示的摇臂钻床夹具,与机床的联接是通过夹具体 9 下表面与机床工作台接触限制 3 个自由度定位的。另外几个自由度的限制在夹具安装时通过调整实现的。将夹具放于工作台上,把安装在主轴上的麻花钻插入钻套 3 的孔中,使机床主轴的中心与钻套的中心自动对正,然后用压板压紧。

6.5　镗床夹具

6.5.1　任务引入

如图 6.63 所示为支架壳体工件上两平行孔系的加工,大批量生产时采用镗床夹具,以保证其加工技术要求及生产效率。下面学习镗床夹具的类型、结构和设计要点。

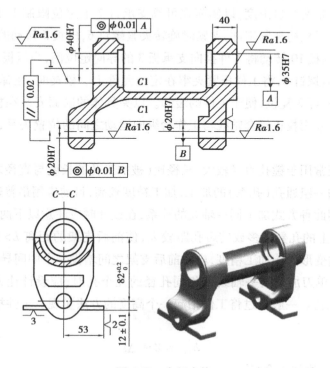

图 6.63　支架壳体

6.5.2 相关知识

（1）镗床夹具的主要类型

用于镗床上装夹工件并保证工件的尺寸精度及形位公差要求的工艺装备，称为镗床夹具，又称镗模。与钻模的结构类似，其导向元件是镗套，用以引导刀具或镗杆进行镗孔，镗模一般用于普通镗床和组合机床上，也可用于其他通用机床上扩大其工艺范围。

镗模主要用于加工箱体、支座等工件上尺寸较大、精度要求较高的孔或孔系。

根据镗模中同一轴线上安装导向元件的镗模支架的数量，可将镗模分为单支承引导、双支承引导和无支承镗。

1）双支承引导镗模

双支承引导镗模是指采用两个镗模支架引导镗杆的镗模。为了避免机床主轴回转精度对加工精度的影响，机床主轴与镗杆之间采用浮动联接，被加工孔的位置精度主要取决于导向元件的位置精度，因此，该类镗模在装配时必须使两镗模支架中的镗套的轴线达到满足加工要求的同轴度。根据镗模支架布置的位置，可分为双支承前后引导和双支承后引导镗模。

① 双支承前后引导镗模

双支承前后引导镗模是指分别在刀具的前后两个位置各设置了一个镗模支架的镗模。如图 6.64 所示为车床尾座孔镗模。镗杆 12 通过浮动接头 13 与机床主轴联接。工件以底面在支承板 3,4 的顶面上定位限制 3 个自由度，以底面上槽的垂直面在支承板 3 的垂直的窄长导向平面上定位限制两个自由度，以侧面在可调支承钉 7 上定位限制 1 个自由度，实现完全定位。采用联动夹紧机构夹紧工件，夹紧时旋转夹紧螺钉 6，压板 5 转动的同时杠杆 8 转动带动连杆 9 移动，使压板 10 转动将工件推向支承板 3 的导向定位面，当压板 5 和 10 同时与工件接触后，再旋转夹紧螺钉 6，将工件压紧夹牢在定位元件上。松夹时，在弹簧力的作用下使压板 10 离开工件和杠杆 8 复位，便于工件的装卸。以夹具体的底面安装在机床的工作台上，通过夹具体上的找正基面找正镗套轴线与工作台纵向运动之间的位置关系，使夹具在机床上占据正确的位置。

前后支承镗模常用于镗孔直径较大、长径比（被加工孔的长度与直径之比）$L/D>1.5$ 的通孔或同一轴线上的一组通孔（孔系）的加工，加工精度较高，目前应用最普遍，但装卸刀具与工件较费时费力。用此种方式加工同一轴线的孔系，在设计时应注意以下两点：

a.如同一轴线上的孔数较多或前后孔距较大，使前后支架的距离 $L>10d$ 时，为了避免镗杆（直径为 d）弯曲变形影响加工精度，应在前后支架之间增设一个中间导向支承。

b.当采用几把单刀加工同一轴线上相同孔径的几个孔时，应设计让刀装置，使刀具依次通过工件的待加工孔。一般通过将工件抬起一个高度的方法实现。工件抬起的最小高度 $h_{\min}$ 按图 6.65 确定为

$$h_{\min} = Z + \Delta l$$

式中　Z——孔的单边加工余量，mm；

　　　Δl——刀尖通过毛坯孔所需的最小间隙，mm。

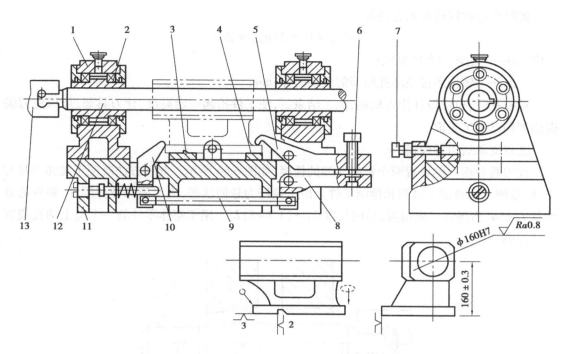

图 6.64　镗削车床尾座孔镗模

1—镗模支架；2—镗套；3,4—支承板；5,10—压板；6—夹紧螺钉；

7—可调支承钉；8—杠杆；9—连杆；11—夹具体；12—镗杆；13—浮动接头

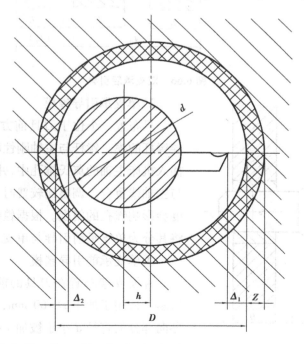

图 6.65　确定镗杆最大直径

此时允许的镗杆最大直径为

$$d_{max} = D - 2(h_{min} + \Delta_2)$$

式中 D——毛坯的孔的直径;

Δ_2——镗杆通过毛坯孔所需的最小间隙,mm。

精镗孔时,也应设计让刀机构,加工结束后,使工件抬起一定高度,让刀具通过,以免刀尖退出划伤已加工表面。

②双支承后引导镗模

在刀具后面一侧设置两个镗模支架的镗模,如图6.66所示。此种方法既便于装卸刀具与工件,也便于观察加工过程和检测工件。由于镗杆为悬伸状态,为了确保镗杆刚性,镗杆的悬伸量 $L_1<5d$,为保证导向精度,导向长度 $L_2 \geqslant (1.5 \sim 5)L_1$。用于箱体零件的一个壁上的孔或盲孔的镗削。

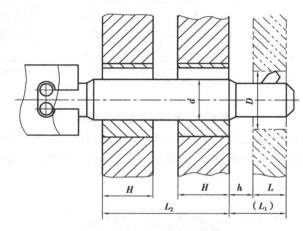

图6.66 双支承后引导

2)单支承引导镗模

只布置一个位于刀具前方或后方的镗模支架引导镗杆的模。镗杆与主轴刚性联接,镗杆的一端直接插入机床主轴的莫氏锥孔中,并通过调整使镗套轴线与主轴线重合。调整比较费时,且机床主轴的回转精度会影响镗孔的精度。根据镗模支架布置的位置,可将其分为单支承前引导与单支承后引导镗模。

①单支承前引导镗模

镗模支架布置在刀具的前方的镗模,如图6.67所示。适用于加工 $D>60$ mm,$L<D$ 的通孔。镗杆的导向部分的直径 d 小于被加工孔的直径 D,在多工步加工时,不必更换镗套。便于观察加工过程和测量工件,更换刀杆比较费时,在立镗时,切屑易落入镗套

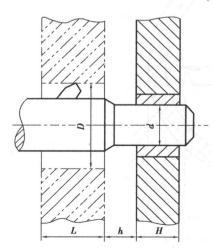

图6.67 单支承前引导

中,应设防屑结构。

②单支承后引导镗模

镗模支架布置在刀具的后方的镗模,如图 6.68 所示。在立镗时,切屑不会落入镗套中,影响镗套的精度。

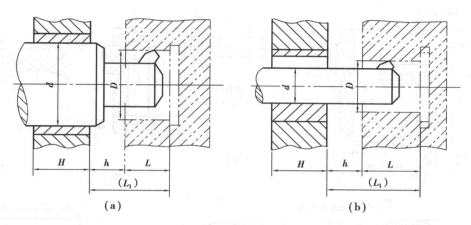

（a）　　　　　　　　　　　　　　（b）

图 6.68　单支承后引导

当镗削 $D<60$ mm,$L<D$ 的通孔或加工盲孔时(见图 6.68(a)),镗孔行程短,镗杆导向部分的直径 d 可大于所加工孔的直径 D。镗杆刚性好,加工精度高。多工步加工时,也可以不更换镗套。

当加工 $L>(1.1\sim1.25)D$ 孔时(见图 6.68(b)),镗杆导向部分的直径 $d<D$。使镗杆导向部分能进入孔内,缩短距离 h,减小镗杆的悬伸量,以免镗杆因刚性不足而变形或产生振动影响加工精度。

h 为镗套端面与工件之间的距离,其值应结合装拆刀具、装卸和测量工件、排屑是否方便及镗杆的刚性等因素确定。前引导时,一般取 $h=(0.5\sim1)D$,但 h 不应小于 20 mm。后引导时,在卧式镗床上镗孔时,$h=60\sim100$ mm;在立式镗床上镗孔时,$h=20\sim40$ mm。

当工件的刚性好,或采用高精度的镗床、坐标镗床、数控铣床、加工中心进行镗孔加工时,被加工孔的尺寸和位置精度均由机床保证。此时,夹具只需设计定位、夹紧装置和夹具体,不设计镗模支架。

(2)镗床夹具的设计要点

在设计镗模时,除要根据加工要求合理设计定位、夹紧装置外,还应结合工件的结构特点选择镗模类型,解决镗套、镗杆与浮动接头以及镗模支架与夹具体的设计等相关问题。

1)镗套的选择与设计

镗杆的回转中心的位置是通过镗模支架上的镗套来确定的,镗套的结构形式和精度将直接影响工件的加工精度和表面质量。因此,应根据工件的加工要求与结构特点合理选择与设计镗套。

①镗套的类型和结构

常用的镗套有固定式和回转式镗套。

A.固定式镗套

固定式镗套是指在镗孔的过程中不随镗杆一起转动的镗套,如图 6.69 所示。其结构形状与钻模中的可换或快换钻套相似,但结构尺寸较钻模大,已经标准化,可查阅《机床夹具设计手册》。有 A,B 两种类型,A 型不带油杯和油槽,B 型带油杯和油槽,使镗杆和镗套之间能充分润滑,其最高加工速度可比 A 型高。

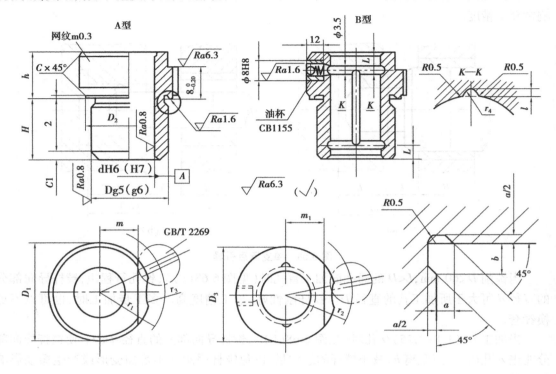

图 6.69 固定式镗套(GB/T 2266—91)

固定式镗套结构简单,外形尺寸比回转式镗套小,镗套中心位置精度高,在扩孔与镗孔时运用广泛。镗杆既转动又沿镗套轴线轴向移动,镗套易磨损,严重时会出现镗杆与镗套"咬死"现象,故适于低速镗孔,一般摩擦面的线速度 $v < 0.3$ m/s。

B.回转式镗套

回转式镗套是指在镗孔的过程中随镗杆一起转动的镗套,镗杆在镗套内只有相对移动而无相对转动,因而镗套与镗杆之间的磨损较小。按使用轴承的类型,可分为滑动式和滚动式镗套。

a.滑动式回转镗套。如图 6.70(a)所示,镗套与镗模支架之间安装了滑动轴承,镗套孔中设有键槽,镗杆与镗套之间通过键联接带动镗套转动。其径向尺寸较小,适应孔距较小的孔系的加工,回转精度高,抗振性好,承载能力强,但轴承间隙调整困难,不易长期保持精度,且需要充分的润滑,通常在镗模支架与镗套上开出油孔与油槽,摩擦面的线速度 v 为 $0.3 \sim 0.4$ m/s。一般用于结构受到限制,转速不高的半精加工。

b.滚动式回转镗套。如图 6.70(b)、(c)所示,镗套与镗模支架之间安装了滚动轴承,其线速度 $v > 0.4$ m/s。但径向尺寸大,回转精度受轴承精度的影响。常用滚针轴承以减小径向尺寸,用高精度的轴承以提高回转精度。如图 6.70(c)所示为立式镗套,加工时易受切屑和切削液的影响,在结构上需设防护装置,以免镗杆加速磨损。

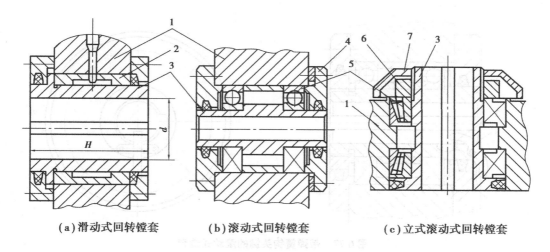

（a）滑动式回转镗套　　　（b）滚动式回转镗套　　　（c）立式滚动式回转镗套

图 6.70　回转式镗套
1—镗模支架；2—滑动轴承；3—镗套；
4—轴承盖；5—滚动轴承；6—螺母；7—防尘盖

当镗孔直径大于镗套孔径时，镗套上必须开有引刀槽，使镗刀顺利通过镗套。镗杆与镗套之间应设置导向键，以保证镗刀与引刀槽间的正确位置关系。如图 6.71 所示，镗套上装有尖头传动键，配合带螺旋导向结构的镗杆使用，保证引刀槽与镗刀对准。

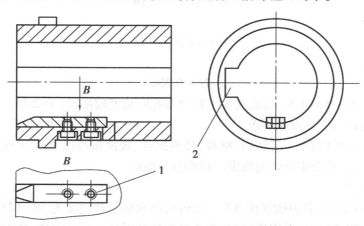

图 6.71　引刀槽与尖头键
1—尖头键；2—引刀槽

如图 6.72 所示为带弹簧钩头键的滚式镗套。轴承盖 4 上开有端面键槽，钩头键 3 在弹簧 2 的作用下与端面键槽配合，使镗套 1 固定某一固定方位。当镗杆进入镗套内，镗杆上键槽的底面压下钩头键 3 使其与端面键槽脱开，镗套 1 便可随镗杆一起转动。当镗杆退出镗套后，钩头键 3 在弹簧力的作用下又重新进入端面键槽中，使镗套 1 定位。这种镗套适用于机床主轴有定向停止装置的场合，镗杆进入镗套时，保证镗刀与引刀槽的正确位置关系；镗杆退出时，保证钩头键 3 与轴承盖端面键槽的正确位置关系。

②镗套的尺寸

镗套的内径 d 由镗杆的导向部分直径确定。

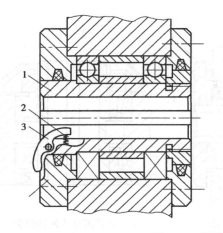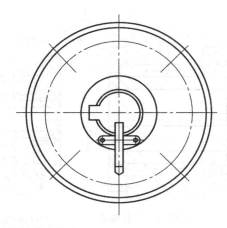

图 6.72　带弹簧钩头键的滚动式镗套

1—镗套；2—弹簧；3—钩头键；4—轴承盖

导向长度 H 有以下 3 种确定方法：

a.双支承后引导，如图 6.65 所示。导向长度 $L_2>(1.5\sim5)L,H=(1\sim2)d$。

b.双支承前后引导。

固定式镗套

$$H=(1.5\sim2)d$$

滑动式镗套

$$H=(1.5\sim3)d$$

滚动式镗套

$$H=0.75d$$

c.单支承引导。$H=(1.5\sim3)d$，当加工精度与孔距精度较高时，$H>2.5d$。

2）镗套的材料与主要技术要求

当需采用非标准镗套时，其结构、材料、公差配合、表面粗糙度及热处理要求可参考标准镗套确定，结构尺寸结合实际情况确定。衬套也是如此。

①镗套的材料

一般为 20 或 20Cr，其渗碳深度 0.8~1.2 mm，淬火热处理硬度为 58~62HRC，但一般应低于镗杆硬度。高速镗孔时，采用磷青铜，其减摩性好且不易与镗杆咬住，成本较高。大直径镗套与单件小批量生产时，可采用 HT200。当镗套的耐磨要求较高时，选用粉末冶金。

②镗套的主要技术要求

镗套的主要技术要求见表 6.2。

表 6.2　镗套与衬套的主要技术要求

公差项目	镗　套			衬　套		
	粗加工	精加工		粗加工	精加工	
外径	g6	g5		n6		
内径	H7	H6		H7	H6	
内外圆同轴度	$\phi0.01$	外径<85 mm	外径≥85 mm	$\phi0.01$	外径<52 mm	外径≥52 mm
		$\phi0.05$	$\phi0.01$		$\phi0.005$	$\phi0.01$

镗套内孔的表面粗糙度为 $Ra0.8\ \mu m$ 或 $Ra0.4\ \mu m$,外径的表面粗糙度为 $Ra0.8\ \mu m$。

3)镗杆与浮动接头

镗杆与浮动接头是镗床夹具的辅助工具,镗杆的结构与镗模设计有直接关系。

①镗杆的结构

A.固定式镗套用镗杆

当镗杆导向部分的直径 $d<50\ mm$ 时,镗杆采用整体式结构。如图 6.73(a)所示的镗杆强度和刚性较好,开有油沟,镗杆与镗套的接触面积大,润滑不充分,会加剧磨损,如切屑进入导向部分,则容易产生"卡死"现象。如图 6.73(b)、(c)所示的镗杆刚性较差,开有较深直槽和螺旋槽,大大减少了镗杆与镗套的接触面积,沟槽具有一定的容屑能力,可减少"卡死"现象的发生。如图 6.73(d)所示为带镶条的镗杆,其摩擦面积小,容屑量大,不易"卡死",常用于直径 $d>50\ mm$ 的场合。镶条应采用摩擦系数小和耐磨的材料,如铜。镶条磨损后,可在镶条与镗杆之间加垫片,修磨后可重新使用。

如图 6.73(e)所示的镗杆可相对导向导套转动,导套在镗套内作轴向移动,结构尺寸很大,切削速度与回转式镗套一致,导向套的尺寸比加工的孔径大,刀具可顺利通过镗套,镗套无须开引刀槽。

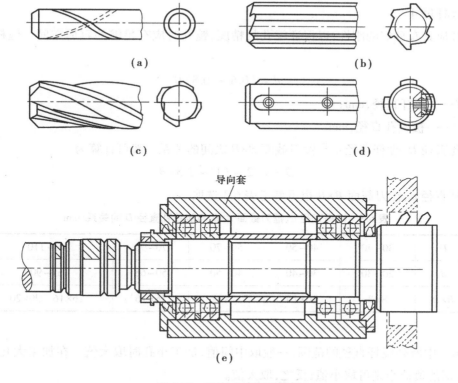

图 6.73　固定式镗套用镗杆

B.回转镗套用镗杆

如图 6.74(a)所示的镗杆前端设有平键,键下装有压缩弹簧,键的前部有斜面,适用于开有键槽的镗套。无论镗杆以何位置进入镗套,平键均能自动进入键槽,带动镗套回转。如图 6.74(b)所示的镗杆上开有键槽,其前端为螺旋式引导结构,螺旋角一般小于 45°,镗杆可使键顺利地进入键槽内。适用于带有键的镗套。

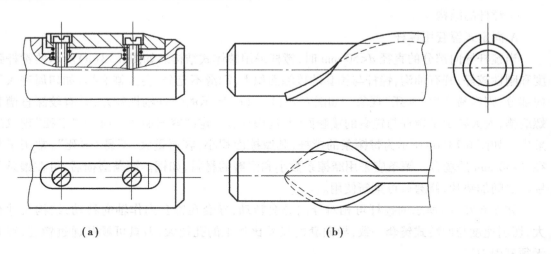

（a） （b）

图 6.74 回转镗套用镗杆

②镗杆尺寸

镗杆应具有良好的刚性,以保证镗孔的精度,镗孔时应有足够的容屑空间。镗杆直径一般为

$$d = (0.6 \sim 0.8)D$$

式中 d——镗杆直径,mm;

D——被镗孔直径,mm。

镗孔直径 D、镗杆直径 d 与镗刀截面 $B \times B$ 之间的关系一般可计算为

$$D - d/2 = (1 \sim 1.5)B$$

镗杆直径 d、镗刀截面 $B \times B$ 也可参考表 6.3 选取。

表 6.3 镗杆直径 d、镗刀截面 $B \times B$ 与被镗孔直径 D 的关系/mm

D	30~40	40~50	50~70	70~90	90~110
d	20~30	30~40	40~50	50~65	65~90
$B \times B$	8×8	10×10	12×12	16×16	16×16 20×20

表 6.3 中所列镗杆直径的范围,一般取中间值,加工小孔时取大值。在加工大孔时,若导向良好,切削负荷小则可取小值;反之,取大值。

镗杆的长度应根据镗孔系统图进行计算。镗孔系统图应在编制工艺规程时绘出。

当镗杆上要安装几把镗刀,应将刀具对称安装,使径向切削力平衡,可以减少镗杆的变形。当同一镗模上同时使用几根镗杆时,镗刀的安装方向应尽可能错开。

③镗杆的材料及主要技术要求

A.镗杆的材料

镗杆应具有足够的刚性和耐磨性,因此,镗杆应具备表面硬度高而内部有较好的韧性。一般采用热处理变形小的 20 钢、20Cr 钢,渗碳厚度为 0.8~1.2 mm,淬火硬度为 61~63HRC;也可用 38CrMoAlA,但热处理工艺复杂;大直径的镗杆,还可采用 45 钢、40Cr 钢或 65Mn 钢。

B.镗杆的技术要求

镗杆的主要技术要求如下:

a.导向部分的直径公差带为:粗镗 g6,精镗 g5。表面粗糙度为 Ra0.04~0.4 μm。

b.导向部分直径的圆度与锥度控制在直径公差的 1/2 以内。在 500 mm 长度内的直线度公差为 0.01 mm。

c.装刀孔对镗杆中心的对称度为 0.01~0.1 mm;垂直度为(0.01~0.02)/100 mm。刀孔表面粗糙度一般为 Ra1.6 μm,装刀孔不淬火。

在实际生产过程中,镗套与镗杆和衬套之间的间隙一般采用配作的方式。

④浮动接头

浮动接头用于双支承镗模镗孔时,使镗杆与机床主轴实现浮动联接。常用的浮动接头结构如图 6.75 所示。通过镗杆 1 上的拨动销 2 插入接头体 4 的槽中,接头体 4 的锥柄安装在主轴锥孔中。主轴的旋转运动可通过接头体 4、拨动销 2 传递给镗杆 1,从而使镗杆 1 随主轴一起转动。镗杆与接头体之间有浮动间隙,因而主轴的回转精度不会影响镗杆的回转精度。

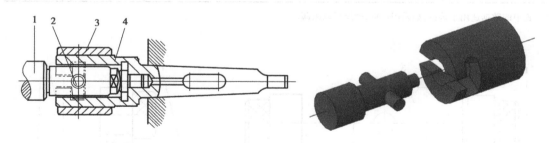

图 6.75　浮动接头

1—镗杆;2—拨动销;3—外套;4—接头体

4)镗模支架与夹具体

镗模支架用于安装镗套,要具有足够的刚度和强度以及尺寸稳定性,应有足够大的安装基面和设置必要的加强肋。其典型结构和相关尺寸见表 6.4。

镗模支架上不允许安装夹紧机构,避免夹紧反作用力使镗模支架变形,影响镗孔精度。如图 6.76(a)所示的结构是错误的,夹紧工件时反作用力会使支架变形,如图 6.76(b)所示的结构是合理的。

镗模支架一般应与夹具体分开制造,便于加工和热处理,但对装配要求比较高,支架与夹具体的联接要牢固可靠,位置正确,一般用内六角螺钉压紧,两圆柱销定位。

表 6.4　镗模支架的典型结构和尺寸

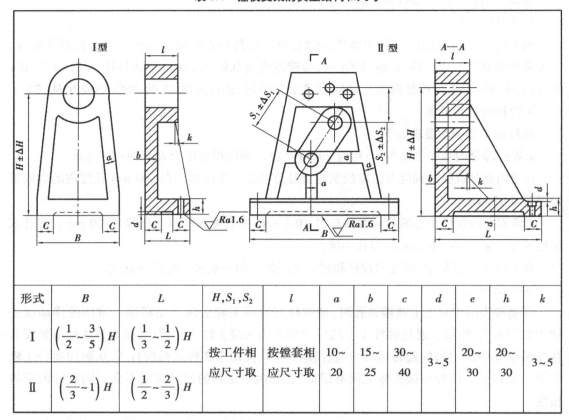

形式	B	L	H,S_1,S_2	l	a	b	c	d	e	h	k
Ⅰ	$\left(\dfrac{1}{2}\sim\dfrac{3}{5}\right)H$	$\left(\dfrac{1}{3}\sim\dfrac{1}{2}\right)H$	按工件相应尺寸取	按镗套相应尺寸取	10~20	15~25	30~40	3~5	20~30	20~30	3~5
Ⅱ	$\left(\dfrac{2}{3}\sim1\right)H$	$\left(\dfrac{1}{2}\sim\dfrac{2}{3}\right)H$									

注:表中的数据适用于铸铁,如采用铸钢,壁厚可以减薄。

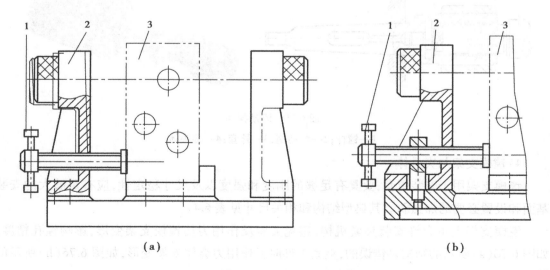

图 6.76　夹紧机构与镗模支架之间的关系

1—夹紧螺杆;2—镗模支架;3—工件

在镗模中夹具体一般称为底座,其上安装各种装置、元件和工件,并承受切削力和夹紧力,因此也应有足够的强度和刚度,并能保持尺寸精度的稳定性。应选取适当的壁厚,合理地设置加强肋,常采用十字形肋条。底座的典型结构和尺寸见表6.5。

表 6.5　镗模底座的典型结构与尺寸

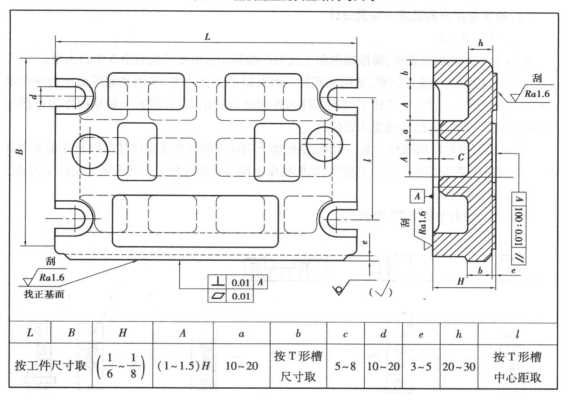

L	B	H	A	a	b	c	d	e	h	l
按工件尺寸取	$\left(\dfrac{1}{6} \sim \dfrac{1}{8}\right)$	$(1 \sim 1.5)H$	$10 \sim 20$	按T形槽尺寸取		$5 \sim 8$	$10 \sim 20$	$3 \sim 5$	$20 \sim 30$	按T形槽中心距取

底座上安装定位元件、夹紧装置、镗模支架和其他装置等的位置处应铸出工艺凸台平面,经过刮研,使有关元件安装时与接触面紧贴,凸台表面应与安装基面平行或垂直。

镗模的加工精度较高,为了保证镗模在机床上的正确位置,一般采用找正安装,通常在底座侧面加工出窄长的找正基面,该基面也可用于找正定位元件与导向元件的正确位置,镗套中心线与找正基面的平行度或垂直度应在300:0.01之内。

镗模结构尺寸一般较大,镗模上应设置适当数目的耳座,使镗模在机床上牢固安装,大型、重型镗模还应设置手柄或起重吊环,以便搬运。

镗模与支架的材料一般为HT100,为了使支架和底座的尺寸持久稳定,其毛坯一般应进行时效处理,精度要求高时应在粗加工后安排二次时效处理。

6.5.3　任务实施

如图6.63所示为支架壳体。在前面的工序中已将支架壳体底座的底面和侧面精加工,本工序加工 $2 \times \phi 20H7$、$\phi 35H7$ 和 $\phi 40H7$ 共 4 个孔。其加工要求如下:

①ϕ35H7 和 ϕ40H7 及 2×ϕ20H7 孔同轴度公差各 ϕ0.01 mm。

②2×ϕ20H7 孔轴线对 ϕ35H7 和 ϕ40H7 孔公共轴线的平行度公差为 0.02 mm。

③两平行孔系之间的距离为 82+0.02 mm。

④ϕ20H7 孔轴线距支架壳体底座底平面的距离为 12±0.1 mm。

（1）确定定位方案及定位装置设计

1）确定定位方案

根据本工序的加工要求,需限制沿加工孔轴心线移动自由度外的其余 5 个自由度。

方案 1:根据基准重合原则,选用底座底平面限制 3 个自由度,采用其侧平面作为导向定位基准限制两个自由度,为了便于保证工件与镗套之间的距离,采用其一侧端面作为止推定位基准限制 1 个自由度,实现完全定位。

方案 2:主要定位基准与方案一相同,由底座上的两安装孔作为定位基准限制其余 3 个自由度,此时应提高两安装孔的加工精度,如果底座上没有孔则应加工出两个定位用的工艺孔。

2）定位装置设计

定位装置设计如图 6.77 所示。

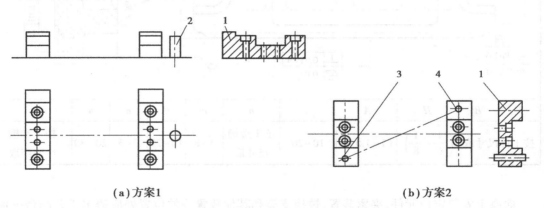

（a）方案1   （b）方案2

图 6.77　定位装置设计

1—支承板;2—挡销;3—圆柱销;4—菱形销

方案 1:采用两块带垂直导向面的支承板 1 和一挡销 2 定位。

方案 2:采用两块支承板 1 及一圆柱销 3 和一菱形销 2 定位。

方案 1 的制造难度较大,夹具装配方便,方案 2 加工方便,但工件装夹不方便。该工件较重,选择方案 1。

（2）导向方式的选择

据工艺文件知其切削速度 v<0.3 m/s,加工 ϕ35H7 和 ϕ40H7 两孔时,选用固定镗套,由于两孔相距较远,采用双支承前后引导。2×ϕ20H7 孔的加工方案为钻、扩、铰,因此采用快换钻套。

（3）确定夹紧方案

根据夹紧力应指向主要定位表面的原则,确定夹紧方案,如图 6.78 所示。

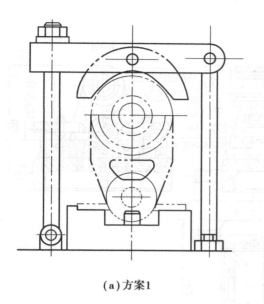 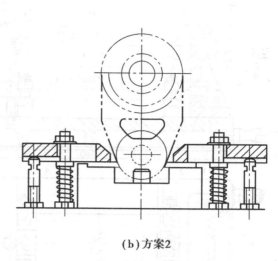

（a）方案1　　　　　　　　　　　　　　　（b）方案2

图 6.78　夹紧机构

方案 1：夹 ϕ35H7 和 ϕ40H7 孔外圆柱面。

方案 2：用 4 块移动式压板分别压在底座的两侧。

方案 1 的夹紧机构尺寸大，易使加工后孔变形，影响加工精度。方案 2 的工件不易变形，装卸工件耗时较长，操作方便，如不能保证加工效率，可采用联动夹紧机构。直选用方案 2。

（4）设计夹具体及夹具总体结构

如图 6.79 所示，夹具体的结构复杂，采用铸造夹具体，同时考虑夹具的强度、刚度和工艺性要求，底座下部采用多条十字加强肋，底座上加工出找正基面，便于镗模在镗床上安装，底座上还设计了 4 个手柄，方便搬运和起吊镗模。夹具的尺寸按夹具总装配图上应标注的 5 大类尺寸进行标注。

（5）夹具误差分析

1）尺寸 12±0.1 mm

①定位误差 ΔD

由于基准重合又是平面定位，所以 $\Delta B = 0$，$\Delta Y = 0$，故

$$\Delta D = 0$$

②夹具位置误差 ΔA

尺寸 12±0.1 mm 有关的夹具安装尺寸是 12±0.03 mm，故

$$\Delta A = 0.06 \text{ mm}$$

③导向误差 ΔT

铰孔是钻套的尺寸 ϕ20G6（ϕ20 + 0.027 mm），由有关手册查得铰刀的尺寸为 ϕ20 + 0.017 8 mm，磨损量为 0.06 mm，则其与刀具的最大配合间隙为 $X_{2\max} = 0.018$ mm。因此

$$\Delta T = 2 \times \frac{0.018 \text{ mm}}{30 \text{ mm}} \times \left(\frac{30}{2} + 30 + 15 \right) \text{ mm} = 0.036 \text{ mm}$$

④加工方法误差 ΔG

可设

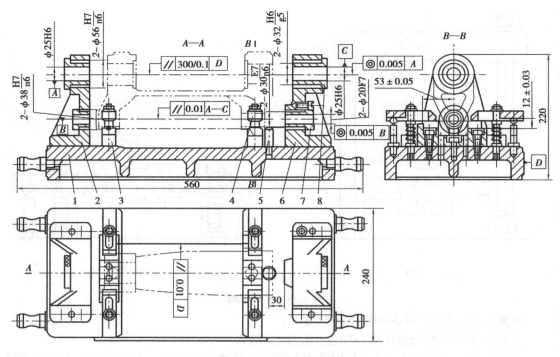

图 6.79 支架壳体镗模

1—底座；2,6—镗模支架；3—支承板；

4—压板；5—挡销；7—快换钻套；8—镗套

$$\Delta G = 0.2 \text{ mm} \times 1/3 = 0.067 \text{ mm}$$

按式(3.2)得

$$\sqrt{0.06^2 + 0.036^2 + 0.067^2} \text{ mm} = 0.067 \text{ mm} < 0.2 \text{ mm}$$

故满足加工要求。

2)$\phi35H7$ 和 $\phi40H7$ 同轴度误差 $\phi0.01$ mm

①定位误差 ΔD

两孔同轴度由镗套保证，与定位方式无关，故

$$\Delta D = 0$$

②夹具位置误差 ΔA

由图 6.78 技术要求得两镗套的同轴度是 0.005 mm,故

$$\Delta A = 0.005 \text{ mm}$$

③导向误差 ΔT

镗杆与镗套配作，保证最大配合间隙为 0.01 mm,根据工件结构尺寸,确定两镗套间最大距离为 440 mm,被加工两孔之间的最大距离为 165 mm。

$$\Delta T = 165 \text{ mm} \times \frac{0.01 \text{ mm}}{400 \text{ mm}} = 0.003\ 3 \text{ mm}$$

④加工方法误差 ΔG

可设 $\Delta G = 0.01$ mm×1/3 = 0.033 mm,按式(3.2)得

$$\sqrt{0.005^2 + 0.003\ 3^2 + 0.003\ 3^2} \text{ mm} = 0.006\ 8 \text{ mm} < 0.01 \text{ mm}$$

由于采用双支承镗套导向,镗杆刚性好,使加工过程误差大大减小,能满足加工要求。同理,可验算两 ϕ20H7 孔的同轴度 0.01 mm(略)。

3)2×ϕ20H7 孔轴线对 ϕ35H7 和 ϕ40H7 孔公共轴线的平行度 0.02 mm

①定位误差 ΔD

两组孔的平行度由镗套与钻套保证,与定位方式无关,故

$$\Delta D = 0$$

②夹具位置误差 ΔA

因两组孔镗套的安装平行度误差是 0.01 mm,故

$$\Delta A = 0.01 \text{ mm}$$

③导向误差 ΔT

由于 2×ϕ20H7 两孔是在同一位置铰孔,所以 $\Delta T_1 = 0$;由前面的计算可知,ϕ35H7 和 ϕ40H7 孔公共轴线的导向误差是 $\Delta T_2 = 0.033$ mm,故

$$\Delta T = 0.033 \text{ mm}$$

④加工过程误差

可设 $\Delta G = 0.02$ mm/3 = 0.0067 mm,按式(3.2)得

$$\sqrt{0.01^2 + 0.003\ 3^2 + 0.006\ 7^2} \text{ mm} = 0.012\ 5 \text{ mm} < 0.02 \text{ mm}$$

故该夹具能满足加工要求。

(6)夹具的安装调试

如图 6.79 所示的镗床夹具,与机床的联接是通过底座 1 下表面与机床工作台接触限制 3 个自由度定位。另外两个自由度的限制是在夹具安装时通过调整实现的。将夹具放于工作台上,把安装在主轴上的镗杆插入镗套 8 的孔中,校正使机床主轴的中心与钻套的中心自动对正,然后用压板压紧。

习题与训练

1.车床夹具可分为哪几类?各有何特点?

2.车床夹具与车床主轴的联接方式有哪几种?

3.如图 6.80 所示,在 C620 车床上镗图示轴承座上的 ϕl32K7 孔,A 面和两个 ϕ9H7 孔已加工好,试设计所需的车床夹具,对工件进行工艺分析,画出车床夹具草图,标注尺寸,并进行加工精度分析。

4.定位键起什么作用?它有哪几种结构形式?

5.在如图 6.81 所示的接头上铣槽,其他表面均已加工好。试对工件进行工艺分析,设计所需的铣床夹具(只画草图),标注尺寸、公差及技术要求,并进行加工精度分析。

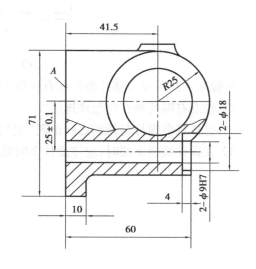

图 6.80 轴承座

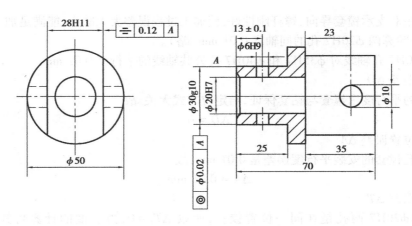

图 6.81 接头

6.钻床夹具分哪些类型？各类钻模有何特点？

7.在工件上钻铰 $\phi14H7$ 孔，铰削余量为 0.1 mm，铰刀直径为 $\phi14m5$。试设计所需钻套（计算导向孔尺寸，画出钻套零件图，标注尺寸及技术要求）。

8.斜孔钻模上为何要设置工艺孔？试计算如图 6.82 所示的工艺孔到钻套轴线的距离 X。

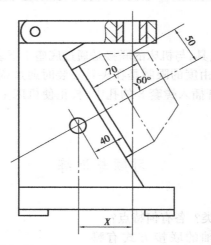

图 6.82 斜孔钻模

9.镗床夹具可分为哪几类？各有何特点？其应用场合是什么？

10.镗套有哪几种？应怎样选用？

11.怎样避免镗杆与镗套之间出现"卡死"现象？

12.在设计镗模支架时，应注意什么问题？

第 **7** 章
现代机床夹具

7.1 现代机床夹具的特点

现代生产要求企业所制造的产品品种经常更新换代,以适应市场激烈的竞争。特别是近年来,数控机床(NC)、柔性制造系统(FMS)、成组技术(GT)、加工中心(MC)等新技术的应用,对机床夹具提出了新的要求。

例如,如图7.1所示这组工艺相似的轴,可用科学的方法把它们从诸多零件中找出来,然后用一副夹具完成这一组零件的加工。

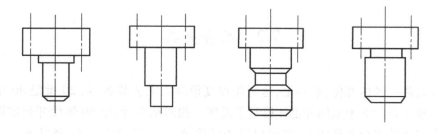

图7.1 工艺相似的轴

现代制造技术的飞速发展,对机床夹具提出了以下新的要求:

①能迅速方便地适应新产品的投产,以缩短生产准备周期,降低生产成本。

②能装夹一组具有相似性特征的工件。

③适用于精密加工的高精度机床夹具。

④适用于各种现代化制造技术的新型机床夹具。

因此,现代机床夹具的发展方向主要表现为精密化、高效化、柔性化及标准化4个方面。

(1)精密化

随着机械产品加工精度日益提高和高精度机床的大量涌现,促进了高精度机床夹具的发

199

展。如车床上精密卡盘的圆跳动在 $\phi 0.005 \sim \phi 0.01$ mm;采用高精度的球头顶尖加工轴,圆跳动可小于 $\phi 1$ μm;高精度端齿分度盘的分度精度可达 $\pm 0.1''$;孔系组合夹具基础板上孔距误差可达几个微米。

(2)高效化

高效化夹具主要用来减少工件加工的基本时间和辅助时间,以提高劳动生产率,减轻工人的劳动强度。常见的高效化夹具有自动化夹具、高速化夹具、具有夹紧动力装置的夹具等。

例如,为实现机械加工过程的自动化,在生产流水线、自动线上配置随行夹具;在数控机床、加工中心等柔性制造系统中也需配置高效自动化夹具,这类夹具常装有自动上下料机构及独立的自动夹紧单元,大大提高了工件装夹效率。

(3)柔性化

机床夹具的柔性化与机床的柔性化相似,它是指机床夹具通过调整、组合等方式,以适应工艺可变因素的能力。工艺的可变因素主要有工序特征、生产批量、工件的形状和尺寸等。具有柔性化特征的新型夹具种类主要有组合夹具、通用可调夹具、成组夹具、数控夹具等。在较长时间内,夹具的柔性化将是夹具发展的主要方向。

(4)标准化

夹具的标准化,一是零部件的标准化,以便在各类夹具上通用;二是各种夹具结构形式的标准化。目前,我国已有夹具零件及部件的国家标准以及通用夹具标准、组合夹具标准等。作为发展方向,专用夹具的标准化、系列化和通用化工作是进一步将夹具的零部件、组件做成独立的单元,以便简化夹具的设计和制造工作,并便于组织专业化工厂生产。将夹具的单件生产转变为专业化的批量生产,可大大缩短产品的生产周期和降低成本,使之适应现代制造业的需要,也有利于实现机床夹具的计算机辅助设计。

7.2 组合夹具

组合夹具是一种标准化、系列化、通用化程度很高的工艺装备,从 20 世纪 40 年代开始,在世界上一些工业国家中采用并迅速得到了发展。我国从 20 世纪 50 年代开始使用,目前已形成了一套完整的组合夹具体系,它对保证产品质量、提高劳动生产率、降低成本、缩短生产周期等都起着重要的作用。

7.2.1 组合夹具的工作原理及特点

组合夹具是由一套预先制好的各种不同形状、不同规格、不同尺寸,具有完全互换性、高耐磨性、高精度的标准元件及组合件,按照不同工件的工艺要求,组装成加工所需要的夹具。使用完毕后,可方便地拆散,清洗后将其存放,待再次组装时重复使用。如图 7.2 所示为盘类零件钻径向分度孔组合夹具的组合夹具立体图及其分解图,其定位、夹紧装置和夹具体不是由标准元件组合而成。

组合夹具将专用夹具以"设计→制造→使用→报废"的单向过程改变为"组装→使用→

拆散→再组装→使用→再拆散"的循环过程。经生产实践表明,与一次性使用的专用夹具相比,由于它是以组装代替设计和制造,故具有下列特点:

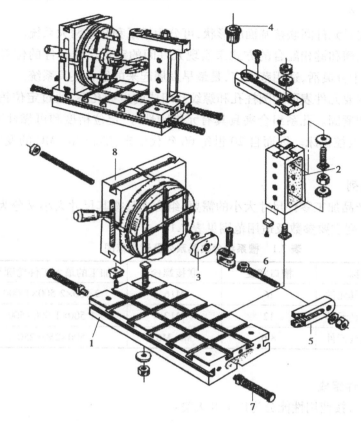

图 7.2　盘类零件钻径向分度孔组合夹具

1—基础件;2—支承板;3—定位件;4—导向件;5—夹紧件;6—紧固件;7—其他件;8—合件

①灵活多变,为零件的加工迅速提供夹具,使生产准备周期大为缩短。通常一套中等复杂程度的专用夹具,从设计到制造需几个月,而组装一套同等复杂程度的组合夹具只需几个小时。

②节约大量设计、制造工时及金属材料消耗。这是由于组合夹具把专用夹具从单向过程改变为循环过程所致。

③减少夹具库存面积,改善管理工作。

④与专用夹具相比,组合夹具的不足之处是显得体积较大,质量较重,刚性也稍差些。此外,为了适应组装各种不同性质和结构类型的夹具,须有大量元件的储备。

由以上特点可知,组合夹具适合于品种多、数量少、加工对象经常变换的情况,因此在模具制造中得到广泛应用,能为车、铣、刨、磨、钻、镗、插、电火花、装配及检验等工序提供各种类型的夹具。

组合夹具的元件精度高、耐磨,并且实现了完全互换,元件精度一般为 IT7—IT6。用组合夹具加工的工件,一般能稳定在 IT8—IT7 级精度,经过精确调整可达 IT7 级精度。

7.2.2　组合夹具系统、系列及元件

(1)组合夹具系统

组合夹具按组装对元件间联接基面的形状,可分为槽系和孔系两大系统。

槽系组合夹具以槽和键相配合的方式来实现元件间的定位。因元件的位置可沿槽的纵向任意调节,故组装十分灵活,适用范围广,是最早发展起来的组合夹具系统。

孔系组合夹具主要元件表面为圆柱孔和螺纹孔组成的坐标孔系,通过定位销和螺栓来实现元件之间的组装和紧固。孔系组合夹具具有元件刚性好、定位精度和可靠性高、工艺性好等特点,特点适用于数控机床。因而自 20 世纪 60 年代以来,随着 NC,MC 的发展,孔系组合夹具得到较快发展。

(2)组合夹具系列

为了适应不同产品加工零件尺寸大小的需要,组合夹具按其尺寸大小又分为大、中、小型3 个系列。槽系各系列主要参数及适用范围见表 7.1。

表 7.1　槽系组合夹具系列及适用范围

系列名称	槽口宽度	联接螺栓	可加工的最大工件轮廓尺寸
大型组合夹具元件	16	M16	2 500×2 500×1 000
中型组合夹具元件	12	M12	1 500×1 000×500
小型组合夹具元件	8.6	M8,M6	500×250×250

(3)组合夹具元件组成

组合夹具的元件,按使用性能分为以下 8 大类:

1)基础件

它是组合夹具中最大的元件,包括各种规格尺寸的方形、矩形、圆形基础板及基础角铁等。基础件通常作为组合夹具的基体,通过它将其他各种元件或合件组装成一套完整的夹具。如图 7.3 所示为其中的 3 种结构。如图 7.2 所示的基础件 1 为矩形基础板做的夹具体。

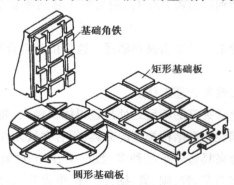

图 7.3　基础件

2）支承件

支承件是组合夹具的骨架元件。支承件通常在组合夹具中起承上启下的作用，即把上面的其他元件通过支承件与其下面的基础件连成一体，一般各种夹具结构中都少不了它。支承件有时可作定位元件使用，当组装小夹具时，也可作为基础件。图 7.4 为其中的 4 种结构。图 7.2 中的支承板 2 联接钻模板与基础板，保证钻模板的位置和高度。

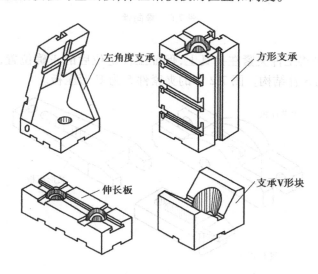

图 7.4　支承件

3）定位元件

定位件主要用于工件的正确定位，也用于保证夹具中各元件的使用精度及其强度和刚度。图 7.5 为其中的 4 种结构。图 7.2 中的定位件 3 为定位盘，用作工件的定位；钻模板与支承板 2 之间的平键、合件 8 与基础板 1 之间的 T 形键，均用作元件之间的定位。

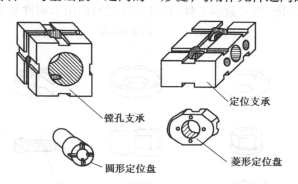

图 7.5　定位件

4）导向件

导向件主要用来确定刀具与工件的相对位置，加工时起引导刀具的作用。有的导向件可作定位用，也可作为组合夹具系统中移动件的导向。图 7.6 为其中的 4 种结构。图 7.2 中的导向件 4 为快换钻套。

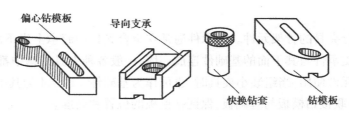

图 7.6 导向件

5）夹紧件

夹紧件主要用来将工件夹紧在夹具上,保证工件定位后的正确位置,也可作垫板和挡块用。图 7.7 为其中的 3 种结构。图 7.2 中的夹紧件 5 为 U 形压板。

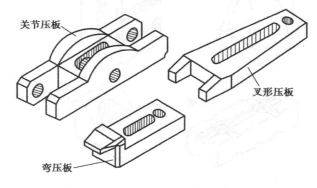

图 7.7 夹紧件

6）紧固件

紧固件主要用来联接组合夹具中各种元件及紧固工件。由于紧固件在一定程度上影响整个夹具的刚性,因此均采用细牙螺纹,这样可使元件的联接强度好,紧固可靠。同时所选用材料、精度、表面粗糙度及热处理均高于一般标准紧固件。图 7.8 为其中的 8 种结构。图 7.2 中的紧固件 6 为关节螺栓,用来紧固工件,且各元件之间均用紧固件紧固。

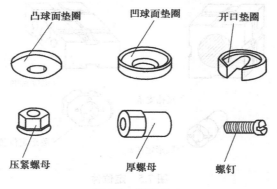

图 7.8 紧固件

7）其他件

除了上述 6 类元件以外的各种用途的单一元件称为其他件。其他件中有的有明显的作用,有的常无固定的用途,但如用得合适,则能在组装中起到极为有利的辅助作用。如图 7.9 所示为分度合件。

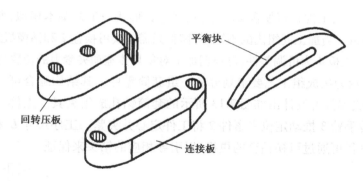

图 7.9　其他元件

平衡块

回转压板

连接板

8)合件

合件是由若干零件装配而成,并在组装过程中不拆散使用的独立部件。按其用途可分为定位合件、导向合件、分度合件以及必需的专用工具等。如图 7.10 所示为分度合件。

一个工厂所拥有的元件总数及各类元件之比例,主要根据各单位的生产规模、产品品种的多少、批量的大小等因素决定。对于新建立的组装站,建议开始按小于10 000件配套,并且要在组装实践中积累经验,由少到多,有针对性地逐步增加。

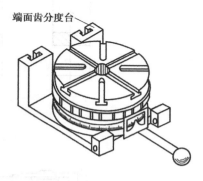

端面齿分度台

图 7.10　分度合件

7.3　成组夹具

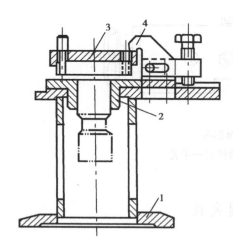

图 7.11　成组可调钻模
1—夹具体;2—可换盘;3—钻模板
组件;4—压板

成组夹具加工的零件都应符合成组工艺的三相似原则,即工艺相似(加工工序及定位基准相似)、工艺特征相似(加工表面与定位基准的位置关系相似)、尺寸相似(组内零件都在同一尺寸范围之内)。通过工艺分析,把形状相似、尺寸相近的零件进行分组编制成组工艺,然后把定位、夹紧和加工方法相同或相似的零件集中起来考虑夹具的设计方案。成组夹具的结构设计是否紧凑,操作是否方便,调整是否合理都与分类归组及成组工艺有密切的关系。

成组夹具与专用夹具在设计方法上相似,首先确定一个"合成零件",该零件能代表组内零件的主要特征,然后针对"合成零件"设计夹具,并根据组内零件的加工范围,设计可调整件和可更换件。

如图 7.11 所示为用于加工如图 7.1 所示 4 种

柄形零件的钻孔夹具,工件在可换盘2中定位,考虑其形状与工艺基本相似,所选定的基准也相同,就归为同一组。当加工同组内的不同零件时,只需更换可换盘2和钻模板组件3即可加工组内不同的零件。压板4为可调整件,可根据加工对象具体施加夹紧力的位置进行调整。

如图7.12所示为按成组工艺要求划分的一组套筒零件。其结构综合可得到一个典型合成零件。按此合成零件可设计出如图7.13所示的套筒钻孔成组夹具。工件以端面在定位支承1上定位,旋转手轮3推动定位夹紧件2将工件定心并夹紧。工序尺寸 L 采用分离结构来进行调节,钻孔直径可通过可换钻套的更换,以引导相应的钻头来保证。

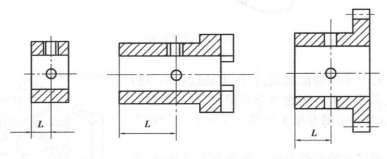

图 7.12 套筒零件组

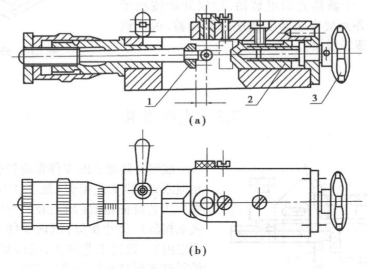

(a)

(b)

图 7.13 套筒零件组钻模
1—定位支承;2—定位夹紧件;3—手轮

7.4 通用可调夹具

通用可调夹具是在通用夹具的基础上发展起来的一种可调夹具。它是通过调整或更换个别定位元件或夹紧元件,便可加工相似形状的一组零件或加工某一零件的一道工序,从而变成加工该组零件和某一零件工序用的专用夹具。

通用可调夹具由两部分组成:一部分是夹具体、夹紧用的动力传动装置和操纵机构等,它们做成万能的部件,对所有加工对象是不变的;另一部分是夹具的可调部分,当加工不同零件时,其定位元件和某些夹紧元件则需要调整和更换,使这些定位元件或夹紧元件与零件的外形相适应。

如图 7.14 所示为一通用可调的液压虎钳。它的钳口部分是可以更换的,加工不同形状的零件时,只需更换与零件外形相适应的钳口即可。

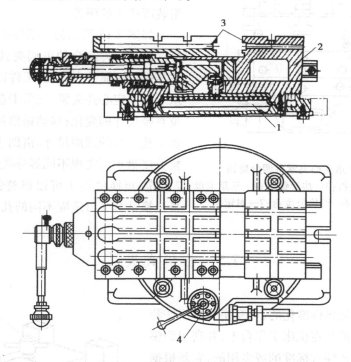

图 7.14　通用可调的液压虎钳
1—传动装置;2—夹具体;3—钳口;4—操纵阀

通用可调夹具有卡盘、花盘、台虎钳、钻模等结构形式。此类夹具中的可调件适用的零件或工序越多,即重复利用的机会越多,该夹具就越经济。

可调夹具分为通用可调夹具和成组夹具(也称专用可调夹具)两种。它们的共同特点是:只要更换或调整个别定位、夹紧或导向元件,即可用于多种零件的加工,从而使多种零件的单件小批量生产变为一组零件在同一夹具上的"成批生产"。可调夹具可大大减少专用夹具数量,节省设计与制造夹具的时间,减少金属消耗,缩短生产准备周期,降低生产成本,加快产品生产,而且也是促进并实现机床夹具"标准化、系列化、通用化"有效途径之一。

通用可调夹具与成组夹具按照可更换调整部分的工作方式有以下 3 种形式:

(1)更换式

直接更换定位和夹紧元件,适用范围广,加工零件相差较大也可适应,工作可靠方便,但会增大可换元件的数量。

(2)调整式

根据加工零件的要求,只对定位元件、夹紧机构做适当的调整,这种方式夹具的组成元件少,制造成本低,但调整费时,影响夹具精度。

(3)更换调整式

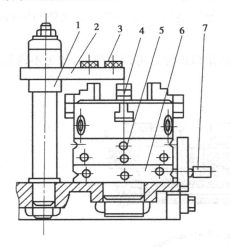

图 7.15 三爪定心夹紧可调分度钻

1—垫块;2—钻模板;3—快换钻套;4—三爪卡盘
5—分度主轴;6—可换分度盘;7—对定销

更换调整式由上述两种综合得到,生产中用得较多,一般定位元件或导向元件为更换式,辅助定位元件、夹紧元件采用调整式,加工精度由更换件本身的精度来保证,尽量减少与基本部分组装所产生的误差。

如图 7.15 所示为三爪定心夹紧可调分度钻模。这是一种综合的可调夹具,用以加工盘、套类零件沿圆周分布的孔,工件以内孔或外圆在三爪卡盘中定心并夹紧,三爪卡盘 4 可适应工件定位直径尺寸的变化;移动钻模板 2 的位置可满足加工孔分布的圆周尺寸;借助于分度主轴 5 和可换分度盘 6 可实现不同等分孔的分度,以对定销 7 对定;更换垫块 1 可以调整钻模板的高度;更换快换钻套 3 可适应不同的孔径要求。

7.5 拼拆式夹具

拼拆式夹具是将标准化的、可互换的零部件装在基础件上或直接装在机床工作台上,并利用调整件装配而成。调整件有标准的或专用的,它是根据被加工零件的结构设计的。当某种零件加工完毕,即把夹具拆开,将这些标准零部件放入仓库中,以便重复用于装配成加工另一零件的夹具。这种夹具是通过调整其活动部分和更换定位元件的方式重新调整的。

如图 7.16 所示为一种拼拆式专用夹具。由于采用的元件(包括夹具体)全部是标准元件,由专业制造厂提供,因而夹具设计工作只需要简单地表示出各元件的相互装配位置。拼拆式夹具的零部件的结构特点是能多次使用,零部件有很高的通用性,当需要重新装配加工某种零件时,调整工作简单。

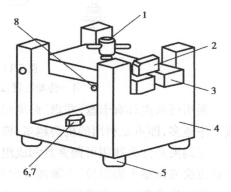

图 7.16 拼拆专用夹具

1—压紧螺钉;2—菱形块;3—铰链压板;
4—U 形夹具体;5—支脚;
6,7—定位销;8—浮动压块

7.6　自动线夹具

自动线是由多台自动化单机,借助工件自动传输系统、自动线夹具、控制系统等组成的一种加工系统。常见的自动线夹具有固定夹具和随行夹具。

7.6.1　固定夹具

固定夹具即夹具固定在机床某一部位上,不随工件的输送而移动。这类夹具主要用于箱体类形状比较规则,且具有良好定位基面和输送基面的工件。按其用途不同,又可分为两类:一类是直接用于装夹工件的固定夹具;另一类是用于装夹随行夹具的固定夹具,即将工件和随机夹具作为一个整体在其上定位和夹紧。二者虽然直接装夹的对象不同,但具有相同的结构特点。

7.6.2　随行夹具

随行夹具即除了完成对工件的定位和夹紧外,还带着工件沿自动线运送,以便通过自动线各台机床,完成工件所规定的加工工艺。这类夹具主要用于形状不太规则,且又无良好的定位基面和输送基面,或虽有良好的输送基面,但材质较软的工件。

如图 7.17 所示为随行夹具在自动线机床的固定夹具上的工作简图。随行夹具 1 由步进式输送带依次运送到各机床的固定夹具上,通过一面两销实现完全定位。其中,件 5 为定位

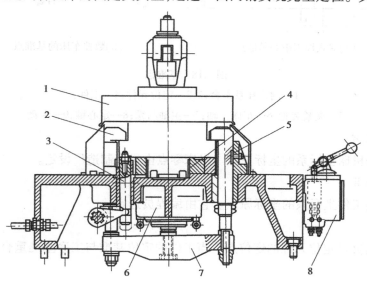

图 7.17　随行夹具在自动线机床的固定夹具上的工作简图

1—随行夹具;2—钩形压板;3—伸缩式定位销;4—输送支承;5—支承板;

6—液压缸;7—浮动杠杆;8—气动润滑油泵;9—合件

支承板,件 3 为液压操纵的伸缩式定位销。液压缸 6 通过浮动杠杆 7 带动 4 个钩形压板 2 进行夹紧。件 4 为输送支承,件 8 为气动润滑油泵。

这类夹具在结构设计上应注意:在沿工件输送的方向上,其结构应是敞开的,其定位夹紧机构的动作应全部自动化并与自动线的其他动作连锁,以保证各动作过程的可靠性及安全性,同时应采取必要的防屑、排屑措施和提供良好的润滑条件,保证各运动部件动作灵活、准确可靠。

7.7　数控机床夹具

7.7.1　工件编程零点的确定

(1)数控的基准点

数控机床需确立坐标系统,以便于零件的编程。数控机床工作区应确定下列基准点:机床零点、工件零点、定位点、夹具零点、参考点,如图 7.18 所示。

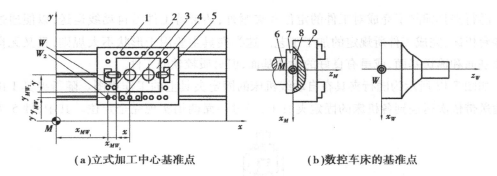

(a)立式加工中心基准点　　　　(b)数控车床的基准点

图 7.18　基准点

1—网格孔系平台;2,3—定位元件;4—工件;

5—夹紧装置;6—车床主轴;7—主轴凸缘;8—定心锥;9—卡盘

①机床零点 M

机床零点是机床坐标系的坐标原点。机床零点由机床制造厂设定。

②工件零点 W

工件零点是工件坐标系的坐标原点。它由编程员选定。

③定位点 A

定位点 A 是夹具定位元件的定位点。当工件的定位基准与工序基准重合时,定位点即为工件零点。

④夹具零点 W_2

夹具零点 W_2 是夹具坐标系的原点。它由夹具设计人员设计在夹具的适当位置上。

⑤参考点 R

参考点是刀具在机床工作区的一点。它与机床的相对位置必须知晓。它是编程确定刀具运动的起刀点。

⑥刀具基点 P

刀具基点用以确定刀具在机床上的位置。

（2）工件编程零点的确定

通常将编程零点确定在工件上（零点偏置），也将坐标零点从机床零点 M 偏置到工件零点 W 上，如图 7.19（a）所示。零点偏置符合编程方便的原则。编程时，必须先确定工件的编程零点并进行工件零点的偏置。

以数控铣床为例，其定位点设置有 4 种情况：如图 7.19（b）所示，编程的 x、y 值符号根据笛卡儿坐标确定为：第一象限 $+x+y$；第二象限 $-x+y$；第三象限 $-x-y$；第四象限 $+x-y$。当工件以精基准定位时，应使工件零点 W 与定位点 A 重合。工件零点偏置可按要求，输入机床的偏置寄存器中。在夹具上应设立编程零点。

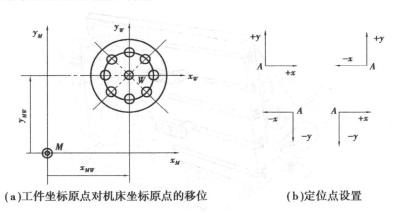

（a）工件坐标原点对机床坐标原点的移位　　　　（b）定位点设置

图 7.19　工件编程零点

如图 7.18（a）所示，在网格孔系平台上，选择一个精密的孔为基准点 W_2。通常它在夹具的左下角处。此孔的位置要便于机床位置测量，以便测出其在机床上的坐标位置。如图 7.20 所示，在夹具的一端，用一个衬套孔的中心为基准点 W_2，并标注出其至定位点的距离，以便编程。此孔在机床上的坐标位置数值，也可用机床位置测量获得。

7.7.2　数控机床的夹具系统

数控机床对夹具的要求是小型化、自动化、系列化和柔性化。设计重点是提高劳动生产率，降低生产的总成本。与普通夹具相似，数控机床夹具系统也包括通用夹具、通用可调夹具、组合夹具、成组夹具、拼装夹具及专用夹具 6 类，其不同的是数控机床夹具的精度和自动化程度更高，夹具上应根据需要设置夹具零点 W_2 和工件零点 W。

如图 7.21 所示为通用角铁在卧式加工中心上的应用。箱体工件装夹在角铁上，镗削平行孔系。

如图 7.22 所示为用于数控铣床的虎钳，图中分别表示了夹具的零点 W_2 和工件的零点 W。

211

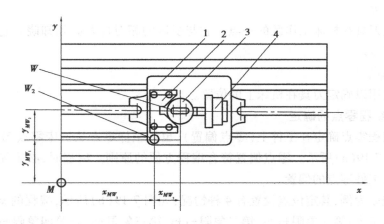

图 7.20 数控铣床上的基准点

1—专用夹具;2—定位元件;3—工件;4—夹紧装置

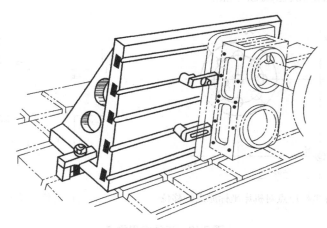

图 7.21 T 形槽角铁

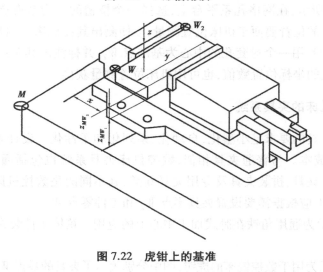

图 7.22 虎钳上的基准

如图 7.23 所示为用于数控车床的动力卡盘。在高速车削时,平衡块 3 所产生的离心力经杠杆 4 给卡爪 1 一个附加的力,以补偿卡爪夹紧力的损失。卡爪由活塞 12 经拉杆 6 和楔槽滑块 7 的作用将工件夹紧。

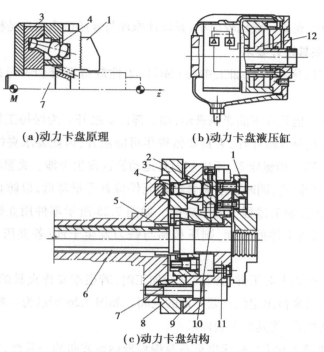

（a）动力卡盘原理　　　　（b）动力卡盘液压缸

（c）动力卡盘结构

图 7.23　中空式动力卡盘

1—卡爪;2—T 形块;3—平衡块;4—杠杆;5—联接螺母;6—拉杆;

7—楔槽滑块;8—法兰盘;9—盘体;10—卡爪座;11—盖;12—活塞

如图 7.24 所示的通用可调平台,用于装夹以两孔一面定位的箱体零件。两转盘 2 上的插

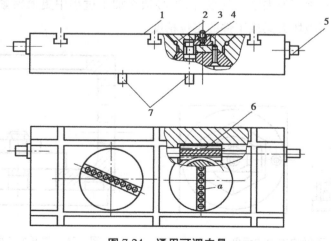

图 7.24　通用可调夹具

1—工作台;2—转盘;3—插销;4—滑板;5—轴;

6—蜗杆;7—齿轮轴

销 3 可调整,圆周调整经轴 5、蜗杆 6 传动蜗轮实现;直线调整经齿轮轴 7、滑板 4 实现,工作台上的 T 形槽中可配置夹紧机构。这类夹具适合一组相似的箱体零件的装夹。

7.7.3 数控机床夹具的设计要点

数控机床使用的夹具一般比较简单,其设计原理与普通机床夹具是相同的。

(1)数控机床夹具设计要求

设计用于数控机床(NC)、加工中心(MC)、柔性制造系统(FMS)的夹具,应满足下列要求:

①夹紧机构或其他元件不能影响进给,加工部位要敞开。为保持工件在本工序中所有需要完成的待加工面充分暴露在外,夹具要做得尽可能敞开,因此要求夹持工件后夹具上一些组成件(如定位块、压块和螺栓等)不能与刀具运动轨迹发生干涉。夹紧机构元件与加工面之间应保持一定的安全距离,同时要求夹紧机构元件位置尽量降低,以防止夹具与加工中心主轴套筒或刀套、刃具在加工过程中发生碰撞。如图 7.25 所示零件用立铣刀铣削零件的六边形,若用压板机构压住工件的 A 面,则压板易与铣刀发生干涉;若夹压 B 面,就不影响刀具进给。

当在卧式加工中心上对工件的四周进行加工时,若很难安排夹具的定位和夹紧装置,则可通过减少加工表面来留出定位夹紧元件的空间。如图 7.26 所示为一箱体零件,可利用其内部空间来安排夹紧机构,将其加工表面敞开。

②为保持零件安装方位与机床坐标系及编程坐标系方向的一致性,夹具应能保证在机床上实现定向安装,还要求能使零件定位面与机床之间保持一定的坐标联系。

③夹具的刚性和稳定性要好。在考虑夹紧方案时,夹紧力应力求靠近主要支承点,或在支承点所组成的三角形内,并靠近切削部位及刚性好的地方,尽量不要在被加工孔的上方;尽量不采用在加工过程中更换夹紧点的设计;当必须在加工过程中更换夹紧点时,要特别注意不能因更换夹紧点而破坏夹具或工件的定位精度。

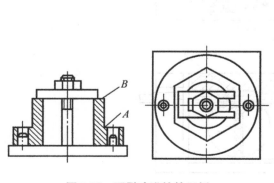

图 7.25　不影响进给的示例

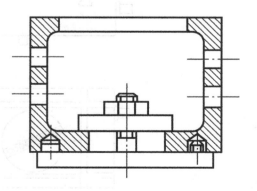

图 7.26　敞开加工面的装夹示例

④装卸方便,辅助时间尽量短。由于加工中心效率高,装夹工件的辅助时间对加工效率影响较大,所以要求配套夹具在使用中也要装卸快而方便。

⑤对小型零件或工序不长的零件,可考虑在工作台上同时装夹多件工件进行加工,以提高加工效率。例如,在加工中心工作台上安装一块与工作台大小一样的平板(见图 7.27(a)),该平板既可作为大工件的基础板,也可作为多个小工件的公共基础板。又如,在卧式加工中心分度工作台上安装一块四周都可装夹一件或多件工件的立方基础板(见图 7.27(b)),可依次加工装夹在各面上的工件。当一面在加工位置进行加工的同时,另 3 面都可以装卸工件,因此能显著减少换刀次数和停机时间。

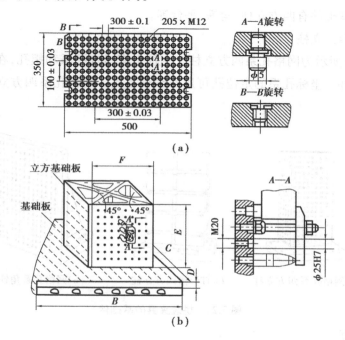

图 7.27 数控夹具上安装平板

⑥夹具结构简单。由于零件在数控加工中大都采用工序集中原则,加工的部位较多,同时批量较小,零件更换周期短,夹具的标准化、通用化和自动化对加工效率的提高及加工费用的降低有很大影响。

⑦减少更换夹具的准备、结束时间。夹具应方便与机床工作台面及工件定位面间的定位联接。加工中心工作台面上一般都有基准 T 形槽、定位孔;转台中心有定位圆;台面侧面有基准挡板等定位元件。可先在机床上设置与夹具配合的定位元件,在组合夹具的基座上精确设计定位孔,以便于与机床床面定位孔或槽对准来保证编程原点的位置。对于夹具定位件在机床上的安装方式,由于加工中心主要是加工批量不大的小批或成批零件,在机床工作台上会经常更换夹具,这样易磨损机床台面上的定位槽,且在槽中装卸定位件十分困难,也会占用较长的停机时间。为此,在机床上用槽定向的夹具,其定位元件常常不固定在夹具体上而固定在机床的工作台上,当夹具在机床上安装时,夹具体上有引导棱边的淬火套导向。固定方式

一般用 T 形槽螺钉或工作台面上的紧固螺孔,用螺栓或压板压紧。夹具上用于紧固的孔和槽的位置必须与工作台上的 T 形槽和孔的位置相对应。

⑧减小夹具在机床上的使用误差。夹具上定位元件定位面的任何磨损以及任何污秽都会引起加工误差。因此,操作者在装夹工件时一定要将定位面擦干净。

(2)数控夹具的柔性化设计

夹具的柔性化设计主要包括夹具基础件设计、定位元件设计、托盘设计、夹紧装置设计及传输装置设计等。

1)基础件的设计

拼装夹具的基础件有四方立柱、角铁、平台等。

①网格孔系四方立柱

如图 7.28(a)所示为网格孔系四方立柱。立柱上有坐标孔系和螺孔,在其平面上可拼装各种元件和组合件。坐标孔系的定位孔可用作编程零点。网格孔系四方立柱可用于多工位数控加工中。

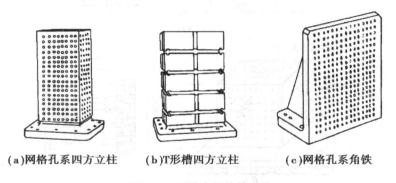

(a)网格孔系四方立柱　　(b)T形槽四方立柱　　(c)网格孔系角铁

图 7.28　拼装夹具的基础件

②T 形槽四方立柱

如图 7.28(b)所示为 T 形槽四方立柱。立柱上有精密 T 形槽,用以联接和紧固各种元件。T 形槽四方立柱可用以多工位数控加工。

③网格孔系角铁

如图 7.28(c)所示为网格孔系角铁。它的结构设计与网格孔系四方立柱相同。在其底面上设计了定位孔,以便于夹具与数控机床工作台联接定位。

④矩形平台

如图 7.29 所示为矩形平台。平台上有精密 T 形槽,用作联接和紧固各种元件。B—B 剖视图是按坐标分布的定位孔系,用作元件联接的定位用。可选其中一孔为编程零点。定位孔尺寸公差等级为 IT7,两孔中心线的孔距精度为±0.02 mm。C—C 剖视图为辅助联接孔,用于平台与机床工作台的联接紧固。D—D 剖视图的定位孔用于夹具与数控机床工作台中心对定。平台底面有两个定位孔,用于夹具与工作台的联接定位。

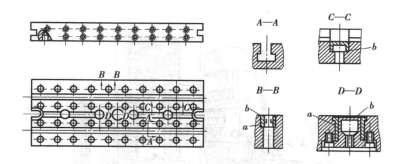

图 7.29　矩形平台

a—衬套；b—防尘罩

2）定位元件的设计

典型的定位元件应有高的柔性，以便调整更换重复使用。常见的结构有各种可调支承、可调支承板和可调 V 形块等。按成组工艺要求，也可采用典型零件族的专用定位元件。工件的定位应符合六点定位规则。

3）夹具的拼装

下面举两个例子说明夹具的拼装。

如图 7.30（a）所示为加工中心的拼装夹具。它用于加工壳体零件族。网格孔系角铁用圆柱销、六角螺钉联接固定在网格孔系平台上。专用定位元件拼装在网格孔系角铁上。拼装的原理与组合夹具相同。

如图 7.30（b）所示为数控线切割机床用的拼装夹具。夹具主要由基础板和支承件拼装而成。此夹具的柔性化较高，可用于圆柱形、矩形零件的装夹，调整拼装也较方便。

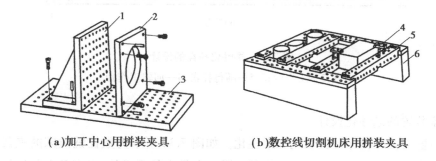

（a）加工中心用拼装夹具　　　　　　　（b）数控线切割机床用拼装夹具

图 7.30　拼装夹具的应用

1—网格孔系角铁；2—专用定位元件；3—网格孔系平台；4—压板；5—支承件；6—基础板

4）托盘的设计

如图 7.31（a）所示的加工中心中使用多个托盘。其中，一托盘在回转工作台上，另一托盘则在输入工作台上，交替使用，可减少机床等工时间。如图 7.31（b）所示为随行托盘。托盘上有两种尺寸的台阶槽，可联接或紧固各种元件或组件。托盘侧面的螺孔也用于紧固夹具元件。这类托盘的柔性化程度很高。

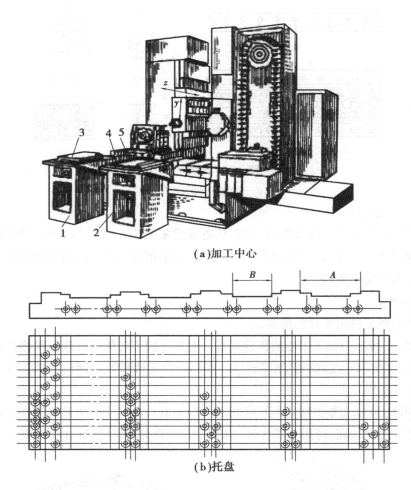

(a)加工中心

(b)托盘

图 7.31　柔性化托盘的设计

1,2—工作台;3,5—随行托盘;4—回转工作台

5)夹紧装置的柔性化设计

夹紧装置的设计目标是自动化和柔性化。如图 7.32 所示为数控铣镗床的夹紧装置。它是采用液压动力装置使压板在工件的下部夹紧。夹具为敞开式的,以满足在数控机床上在几个方向上对工件加工。液压装置的压力较高,可获得较大的夹紧力。在加工中心上,由于切削力的不断变化,故要求动力装置所输出的压力也是可变的。这种动力装置的压力适应切削力变化的柔性化系统,如图 7.33 所示。其中,压板的夹紧力经传感器、放大电路、滤波器以及微机的计算,将信息传至控制阀,调节油路的压力,满足夹紧力控制的柔性化要求。

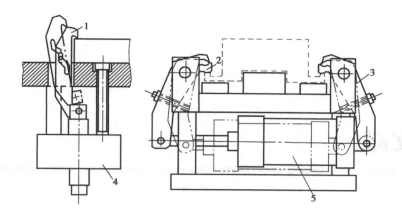

图 7.32　数控铣镗床夹具的夹紧装置

1,2,3—压板；4,5—液压缸

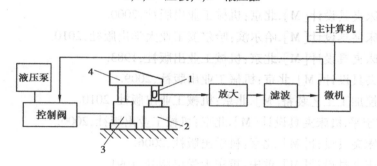

图 7.33　夹紧力控制系统

1—传感器；2—工件；3—液压缸；4—压板

习题与训练

1.现代制造业对机床夹具有何要求？

2.可调夹具有何特点？何谓通用可调夹具？何谓成组夹具？

3.组合夹具有何特点？它由哪些元件组成？

4.什么叫拼装夹具？有何特点？

5.自动夹具由哪些部分组成？

6.随行夹具有何特点？

参考文献

［1］恭源凯.机床夹具设计［M］.北京:机械工业出版社,2000.

［2］王启平.机床夹具设计［M］.哈尔滨:哈尔滨工业大学出版社,2010.

［3］李庆寿.机床夹具设计［M］.北京:机械工业出版社,1983.

［4］吴拓.机床夹具设计［M］.北京:机械工业出版社,2009.

［5］杨金凤.数控加工工艺装备［M］.北京:机械工业出版社,2010.

［6］肖继德,陈宁平.机床夹具设计［M］.北京:机械工业出版社,2000.

［7］张权民.机床夹具设计［M］.北京:科学出版社,2006.

［8］徐发仁.机床夹具设计［M］.重庆:重庆大学出版社,1991.

［9］王光斗,王春福.机床夹具设计手册［M］.上海:上海科学技术出版社,2002.